纺织服装教育"十四五"部委级规划教材
设计全攻略系列丛书

服装效果图

从入门到精通 1000 例（第二版）

郭 琦 李 辉 陶 巍 著

5 个章节
教学 PPT 课件

东华大学出版社

·上海·

图书在版编目（CIP）数据

服装效果图从入门到精通1000例/郭琦,李辉,陶
巍著.--2版.--上海：东华大学出版社,2024.3
高等教育教材
ISBN 978-7-5669-2343-1

Ⅰ.①服…Ⅱ.①郭…②李…③陶…Ⅲ.①服装设
计-效果图-绘画技法-高等学校-教材Ⅳ.
①TS941.28

中国国家版本馆CIP数据核字(2024)第050012号

策划编辑：马文娟
责任编辑：高路路
版式设计：上海程远文化传播有限公司

服装效果图从入门到精通 1000 例（第二版）
FUZHUANG XIAOGUOTU CONG RUMEN DAO JINGTONG YIQIANLI (DIERBAN)

著　　　者：郭琦　李辉　陶巍
出　　　版：东华大学出版社（地址：上海市延安西路1882号邮编：200051）
本 社 网 址：dhupress.dhu.edu.cn
天猫旗舰店：http://dhdx.tmall.com
销 售 中 心：021-62193056　62373056　62379558
印　　　刷：上海盛通时代印刷有限公司
开　　　本：889mm×1194mm 1/16
印　　　张：15
字　　　数：385千字
版　　　次：2024年3月第2版
印　　　次：2024年3月第1次
书　　　号：ISBN978-7-5669-2343-1
定　　　价：79.00元

序　一

　　近年来，国内许多高等院校开设了服装设计专业，有些倾向于理科的材料学，有些则偏重艺术的设计学，每年都有很多年轻的设计者走向梦想中的设计师岗位。但是，随着服装行业产业结构的调整和不断转型升级，对服装设计师的要求更加苛刻，良好的专业素养、竞争意识、对市场潮流的把握、对时代的敏感性等，都是当代服装设计师不可或缺的素质，自身的不断发展与完善更是当代服装设计师的必备条件之一。

　　提高服装设计师的素质不仅在于服装产业的带动，更在于服装设计的教育体制与教育方法的变革。学校教育如何适应现状并做出相应调整，体现与时俱进、注重实效的原则，满足服装产业创新型的专业人才需求，也是中国服装教育面临的挑战。

　　本丛书的撰写团队结合教学大纲和课程结构，把握时下流行服饰特点与趋势，吸纳了国际上有益的教学内容与方法，将多年丰富的教学经验和科研成果以通俗易懂的方式展现出来。该丛书既注重专业基础理论的系统性与规范性，又注重专业教学的多样性和可行性，通过大量的图片进行直观细致的分析，并结合详尽的步骤讲述，提炼了需要掌握的要点和重点，让读者轻松掌握技巧、理解相关内容。该丛书既可以作为服装院校学生的教材，也可以作为服装设计从业人员的参考用书。

序 二

如果把服装比作建筑的话，那么服装效果图就是建筑的设计蓝图。它借助绘画的形式，直观地展现设计者的创作理念、设计构思以及服装的造型、结构、色彩、材质等方方面面，表达丰富多样的服饰时尚和审美内涵。服装效果图这种先声夺人的特点使设计者在服装成品之前就能对自己的作品做到心里有数，也使制版师和样衣师一目了然，便于顺利完成成品制作。

服装效果图需要解决三个问题：服装人体、人体着装、色彩及面料表达，这就要求设计者具备一定的绘画表现的能力。初学者常常困惑于效果图的表达方法，多年的教学实践，使我们更加了解学生，清楚他们学习过程中容易出现问题的环节，他们的薄弱之处在哪些方面。伴随着不断地发现问题、提出问题，我们也在时时总结分析，寻找解决问题的最佳方法，因此，教学过程本身就是自我学习和提升的过程。

本书从人体绘画、服装绘画、织物绘画几方面详细介绍服装效果图的表现技法，由浅入深，由基础到创意，循序渐进，逐一展开。第一章罗列了本书需要的绘画工具和绘画材料，对工具的性能、特点和使用方法做了详尽的阐述。第二章详细介绍了正面、斜侧面、侧面人体以及成人女体、成人男体、儿童体的绘画步骤，对每一细节的注意事项、容易出现问题的环节，都做了必要的交代。同时，书中也提供了许多人体动态图，供读者参考。另外，对人物的五官、头像、手、脚的画法也做了分步讲解。初学者参考此书即可画出完整的人体动态图。第三章主要介绍人体着装的画法，分别列举了不同类别、风格及不同材质、面料服装的绘画步骤及表现方法，同时对领、袖、口袋等服装局部及服饰配件中包、鞋子、帽子的画法也做了充分阐释。第四章针对效果图的色彩表现技法，从面料质感表现、图案表现、面料肌理表现三方面，介绍了如何分步绘制服装效果图。整个绘画过程如静态的教学片逐一呈现在读者面前，便于他们在短时间内了解时装效果图的绘画步骤，掌握绘画技巧。第五章以视觉赏析的形式选择了作者的一些时装画作，供学习者和爱好者们欣赏借鉴。

教学中，作者一直相信每个学生头脑中都蕴藏着一个创意的小宝藏，只要努力挖掘定会不断有惊喜出现。创意的世界里没有对错，每个人都可以有自己特别的表达方式，实现创意的唯一途径就是实践。实践可以形成个人的创作风格，可以总结独特的绘画技巧。本着分享的初衷，作者把多年研究的心得、感悟奉献出来，形成此书，希望可以抛砖引玉，带给更多的人以灵感，吸引更多的人来发扬时装画的手绘艺术，同时也希望能帮助那些迷茫中探索的初学者、爱好者们顺利踏上学习服装绘画的入门之阶。

目 录

第一章
工具介绍

绘制时装效果图之前，需要先准备好绘图工具。"工欲善其事，必先利其器"，合理选择绘图工具对于表达创作思想至关重要。设计师们会根据个人习惯、喜好、风格等，选择适合自己的绘画工具。

图 1-1 铅笔

图 1-2 铅笔绘制笔触

铅笔（图1-1）

画初稿或草稿时使用铅笔。绘图铅笔有许多品牌，一般选用铅芯软硬适中的六棱铅笔，HB或B型号都可以。铅笔绘制笔触见图1-2。

图 1-3 自动铅笔

图 1-4 自动铅笔绘制笔触

自动铅笔（图1-3）

自动铅笔使用便捷，表现较为准确，铅芯从0.3mm至0.8mm，都可以画出精密的线条和精致的细节，适用于绘制服装平面款式图和结构图。自动铅笔绘制笔触见图1-4。

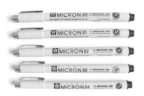

图 1-5 针管笔

图 1-6 针管笔绘制笔触

针管笔（图1-5）

针管笔是绘图的基本工具之一，能绘制出均匀一致的线条，笔尖有不同的粗细，从0.05mm至2.0mm，便于选用。针管笔绘制笔触见图1-6。

图 1-7 中楷笔

图 1-8 中楷笔绘制笔触

中楷笔（图1-7）

中楷笔属于软性勾线笔的一种，笔尖海绵材质，自带墨水，随时可以使用，颜色鲜明，线条具有毛笔的特点，根据运笔力度不同可形成粗细、虚实的变化。中楷笔绘制笔触见图1-8。

美工钢笔(图1-9)

　　美工钢笔也称弯尖钢笔，是一种借助笔头倾斜度形成线条粗细变化的特制钢笔。根据运笔的角度大小、轻重可以画出粗细不同的线条。美工钢笔的线条流畅自然、利落刚劲，潇洒大气，因其特色鲜明被广泛使用。美工钢笔绘制笔触见图1-10。

图1-9 美工钢笔　　　　　图1-10 美工钢笔绘制笔触

彩色铅笔(图1-11)

　　彩色铅笔除了作为绘画工具独立运用外，还常常作为辅助工具与马克笔或水彩搭配使用，用来刻画细节，不需要大面积绘制基础色。因此选择的彩色铅笔色系应与马克笔或水彩的色系相协调，能自然融合。多数情况下应选择油性彩色铅笔，因为油性彩铅容易上色，质软，颜色艳丽易保存，不容易弄脏画面。彩色铅笔绘制笔触见图1-12。

图1-11 彩色铅笔　　　　　图1-12 彩色铅笔绘制笔触

橡皮(图1-13)

　　根据使用的绘图纸和铅笔的类型来选择橡皮。虽然橡皮的种类很多，但比较常用的是质感较软的4B绘图橡皮，这种橡皮清除铅笔痕迹彻底，不易损伤纸面。

图1-13 橡皮　　　　　　　图1-14 尺

尺(图1-14)

　　建议选用刻度清晰的塑料直尺，尺不需要太大太长，使用便捷即可。

马克笔(图1-15)

　　马克笔又称麦克笔，通常在快速表达设计构思或绘画效果图时使用。其色彩丰富、明快，运用便利，作画快捷，表现力强，带有明显的笔

图1-15 马克笔　　　　　图1-16 马克笔绘制笔触

触效果，在恢弘大气与温润委婉之中自由行走。其极具个性风格的表现技巧，为手绘效果图增添了独特的艺术魅力。而且，马克笔适用于各种纸张，省时省力，便于携带，深受现代设计师的喜爱。马克笔根据笔头有单头和双头之分，常见的有极细马克笔、细头马克笔、粗型扁头马克笔和软笔等，不同形状的笔尖会产生不同效果的线条。另外，根据溶剂性质可分为油性马克笔、水性马克笔、酒精马克笔。马克笔绘制笔触见图1-16。

工具介绍　第一章

图1-17 较厚的打印纸

图1-18 硫酸纸

图1-19 白卡纸

图1-20 水彩颜料

图1-21 固体颜料色彩透明度好，携带方便

图1-22 水彩画笔

图1-23 水彩画笔绘制笔触

图1-24 水彩画笔绘制笔触

图1-25 水彩纸

图1-26 水粉颜料

图1-27 水粉画工具

马克笔用纸

由于马克笔不需调制颜色就可以直接使用，落笔颜色会快速变干。不同质地的纸，由于吸收马克笔颜色的速度各异，产生的绘画效果亦各不相同，吸色速度快的纸张，平涂的块面常带有条纹状。常用的材质有较厚的打印纸（图1-17）、硫酸纸（图1-18）、白卡纸（图1-19）及各种有色卡纸、底纹纸等。

水彩颜料(图1-20)

水彩颜料主要是从动物、植物、矿物等多种物质中提取制成的，也有化学合成的。颜料中含有一些胶质和甘油成份，从而使画面具有滋润感。水彩颜料有块状和糊状两种类型，特点是色彩丰富、透明、易干，通过深色对浅色的叠加来表现对象，使用便捷。固体水彩颜料（图1-21）的色彩透明度也非常好，并且携带方便，使用时加水溶开即可使用。

水彩画笔(图1-22)

水彩画笔的种类繁多，有圆头画笔、平头画笔、扇形画笔等。圆头画笔用于涂色、勾线，平头画笔用于大面积涂色。不同型号的画笔笔头粗细不同。水彩画笔绘制笔触见图1-23、图1-24。

水彩纸(图1-25)

专门用来画水彩的纸，吸水性比较好，纸面的纤维较强韧，不易因重复涂抹而破裂或起毛起球。

水粉颜料(图1-26)

又称广告颜料、宣传颜料。颜料由粉质的材料组成，用胶固定。水粉没有水彩那样的透明度，但颜色覆盖性比较强，大面积上色时也不会出现不均匀的现象，色泽鲜艳，浓郁富丽。水粉画工具见图1-27。

水粉画笔（图1-28）

水粉画笔圆头和扁头都可以，扁头画笔可以大面积铺色，圆头画笔可以刻画细节。笔头一般选用动物的粗毛或精致的纤维制成，有一定的弹性。圆头水粉画笔绘制笔触见图1-29，扁头水粉画笔绘制笔触见图1-30。水粉画笔的常用绘制笔触见图1-31。

水粉纸（图1-32）

水粉纸是一种专门用来画水粉画的纸，纸张较厚，吸水性强，表面有圆点形的坑点，圆点凹下去的一面是正面。

油画棒（图1-33）

油画棒是一种油性的彩色绘画工具，手感细腻、滑爽，叠色、混色性能优异，能充分展现油画般的效果，满足各种绘画技巧，一般为长10cm左右的圆柱形或棱柱形。时装画中的油画棒常常作为辅助工具，和水彩、水粉结合使用。油画棒的常用绘制笔触见图1-34。

图 1-28 水粉画笔

图 1-29 圆头水粉画笔绘制笔触

图 1-30 扁头水粉画笔绘制笔触

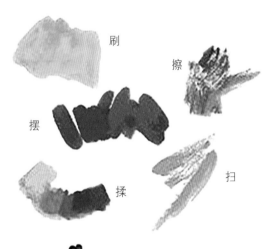

图 1-31 水粉画笔的常用绘制笔触

图 1-32 水粉纸

图 1-33 油画棒

图 1-34 油画棒绘制笔触

第二章

人体绘画篇

第一节　人体的绘画方法

一、人体大形

　　了解人体结构是学习服装效果图的重要基础，人体结构涉及骨骼、肌肉、造型、比例等诸多要素，形式比较复杂。为了便于掌握，我们把人体各部位用不同的几何形态进行提炼和概括，化繁为简，有利于初学者顺利入门（图2-1-1）。

二、成人女体

　　服装效果图中，为了更好地体现人体着装效果，满足人们的视觉审美需要，常常把人体比例进行适当夸张，拉长为8.5头体或9头体，这样的比例关系能很好地表现出着装人物修长、优美的身材，充分展示人体着装的最佳效果，增添时装的魅力，同时也能体现时装画的艺术特色。

　　以女性8.5头体为例，服装效果图人体比例安排如下：

　　一般来说，女性人体较窄，体形苗条，凹凸有致，肌肉不太明显，其最宽部位有两个头宽。头部、胸部和骨盆是女性的明显体征，头为卵圆形，下颌略尖，颈部细长柔美。肩宽为两个头宽，腰宽为1.5头宽。臀宽等于肩宽，即两个头宽。手臂伸直上举时，足至手尖为10个头长。手臂下垂时，手指尖至大腿中部，以颈窝为界，手伸平后可达4个头长。

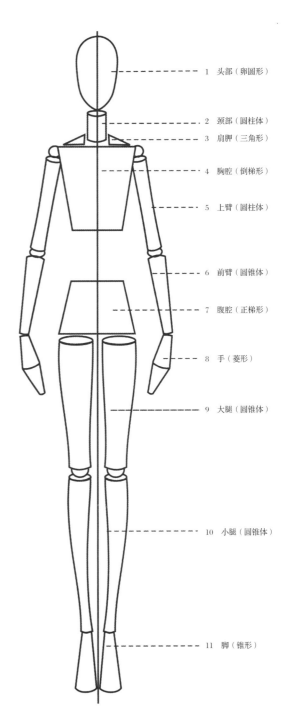

1　头部（卵圆形）

2　颈部（圆柱体）

3　肩胛（三角形）

4　胸腔（倒梯形）

5　上臂（圆柱体）

6　前臂（圆锥体）

7　腹腔（正梯形）

8　手（菱形）

9　大腿（圆锥体）

10　小腿（圆锥体）

11　脚（锥形）

图2-1-1　人体几何框架

8.5头人体的比例（图2-1-2）

第1头高：头顶至下颌底；

第2头高：下颌至乳点以上；

第3头高：乳点至腰节；

第4头高：腰节至耻骨；

第5头高：耻骨至大腿中部；

第6头高：大腿中部至膝盖；

第7头高：膝盖至小腿中上部；

第8头高：小腿中上部至脚踝；

第9头半高：脚踝至地面。

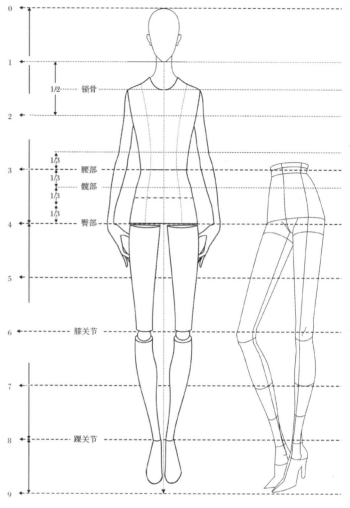

图 2-1-2 8.5 头人体比例

服装设计从某种意义上来讲属于一种夸张的艺术，平淡则无刺激，少变化则不时髦。由于人们审美观念的差异及人体本身的实际比例不同，有时，服装效果图的人体已经与现实生活中的人体有了很大的区别。为了追求效果图的视觉美感，服装人体比例以8.5～9头身的居多（正常人体比例为7～7.5头身），有时甚至夸张到10～12头身。其目的在于更加突出服装视觉上的冲击力。服装人体的夸张部位主要拉长了脖颈和四肢，躯干部分变化不大。因此，夸张后的服装人体的着装效果不但不影响衣服本身的正常比例关系，而且，从整体看，服装的艺术效果更突出、更完善、更能从中得到美的享受。

（一）正面女体绘制步骤

步骤1：根据纸张大小考虑好布局，先用直尺轻轻画出等距离的10条横线，从上向下按顺序标出0～9；再从中央画一条竖线，垂直于这10条横线，这条竖线为人体的重心线（图2-1-3）。

步骤2：10条横线格出9个空格，每个空格长度规定为一个头长。0～1号线为头的位置，画出卵圆形的头部，注意头顶近似圆球状，下颌略尖，模特的脸型要秀气，不要画圆了。之后画出柱状的脖颈，重心线经过颈窝处。在1～2号线的1/2处画一条线，此线为肩部的倾斜线，即两肩点的连接线；在3～4号线的上1/3处画一条线，此线为两侧髋骨的倾斜线，即两髋骨点的连接线。人体正面直立状态时，两肩点连线和两髋骨连线为互相平行的水平线。当人体动态发生变化时，两肩点连线和两髋骨连线将倾斜，不再是平行线，变成相交线。两肩点连线和两髋骨连线的倾斜角度决定了人体躯干部的动态幅度，倾斜角度越大，人体动态幅度越大（图2-1-4）。

步骤3：根据人体比例及位置关系，按两肩点连线和两髋骨连线的倾斜方向画出代表胸腔和腹腔的几何形体，并画出承重的一条腿部造型。承受重量的脚应画在颈窝的正下方，重心线落在这只脚上，这样人体才能保持平衡状态（图2-1-5）。

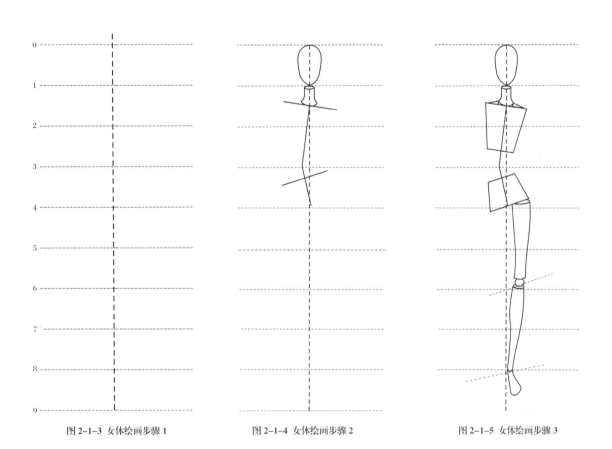

图 2-1-3 女体绘画步骤 1　　　　图 2-1-4 女体绘画步骤 2　　　　图 2-1-5 女体绘画步骤 3

关于定位线

　　人体运动时，各部位间的关系变化都是为了保持重心稳定及动态平衡，常常借助定位线来确保人体重心的稳定。第一条定位线通过两肩点，决定人体上半身的倾斜角度；第二条定位线经过骨盆高点的髋骨连线，恰与肩线倾斜方向相反以保持平衡；第三条定位线需经过锁骨中心点（颈窝），引一条垂直于地面的直线，这条线应落在支撑人体重量的那只脚上，如果一只脚只承担了部分重量，垂直线会落在两脚之间，这条线称为重心线。在处理服装人体姿态的过程中，稳定的重心能够让人物的姿势和谐自然，而四肢则起到保持身体平衡、丰富人体动态美的作用。有时为了便于掌握，把这三条定位线归纳为"两横一竖"（图2-1-6）。

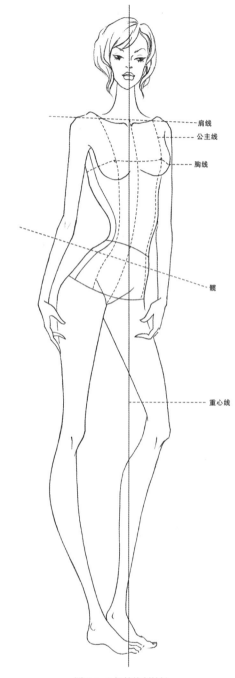

肩线
公主线
胸线
髋
重心线

图 2-1-6 铅笔绘制笔触

　　步骤4：利用不同的几何形态组合出完整的人体动态图。在绘画过程中，人物的头、颈、手臂和不受重的另一条腿是自由的，可以展现出各种各样的人体动态（图2-1-7）。

　　步骤5：连接胸腔和腹腔。胸腔和腹腔之间是腰节，腰节是躯干部位最细最柔韧的部位，人体躯干的动态变化都来自腰部的扭转、摆动，而胸腔和腹腔的造型是不能改变的（图2-1-8）。

　　步骤6：在人体几何框架的基础上画出完整的人体动态（图2-1-9）。

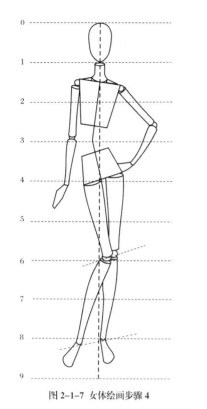
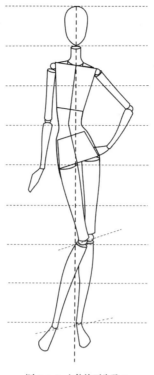
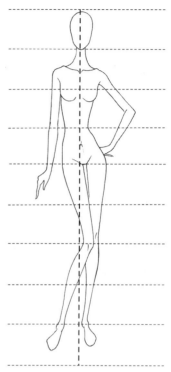

图 2-1-7 女体绘画步骤 4　　　　图 2-1-8 女体绘画步骤 5　　　　图 2-1-9 女体绘画步骤 6

绘制肩颈部

　　颈部和肩部大概在 1 ~ 2 号线的1/2处衔接，颈部和肩部衔接处的过渡要自然、顺畅。由于两肩是倾斜的，导致颈部的其中一侧较长，因为这一侧的肩是下落的，而另一侧因为肩部的抬起而变短。颈部两侧的倾斜角度与肩部的倾斜角度一致。由颈窝向肩的两侧画出锁骨，与肩头衔接。注意肩头略圆润，要表现出肌肉附着在骨骼上的感觉，线条不宜过软也不宜过硬。表现这个位置有一定的难度，有些初学者拿捏不好分寸，容易把肩画得过圆，人体显胖；画得过硬，又失去女性的肩部的柔美感。因此，要多观察多训练，掌握表现技巧（图2-1-10）。

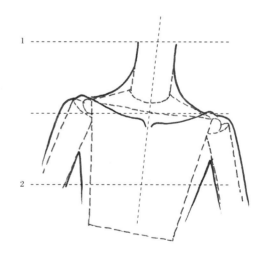

图 2-1-10 肩部的画法

绘制躯干部

沿着几何框架的边缘绘制胸腔的造型，胸的最下端大约在2～3号线的上1/3处，胸高点大约在2～3号线的上1/9处，女性的胸型为半球状（图2-1-11）。

绘制腰部和臀部

腰节的位置大约在3号线上，宽度约为1.5头宽。它连接着胸腔和腹腔，是人体的柔软部位。人体躯干部诸多的动态变化都来自腰的摆动和扭转。由腰向臀的过渡中要注意3～4号线上1/3处髋骨的造型。这个位置也是刻画的难点，线条处理尤为重要，线条越圆，人体看上去越胖，完全的直线会使人体显得刻板，因此选择柔中带钢的线条能突出这一部位的骨骼感，又不至于生硬。由髋到臀过渡要自然，线条要柔和。臀围最饱满的位置大约在4号线上，臀宽为两个头宽。女性的胸、腰、臀的造型变化非常微妙，绘制时注意抓住人体特点，突出女性的曲线美（图2-1-12、图2-1-13）。

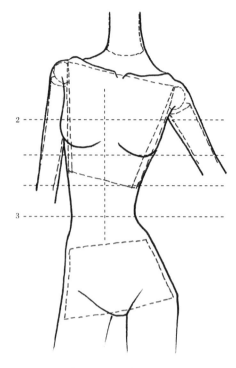

图2-1-11 躯干部的画法

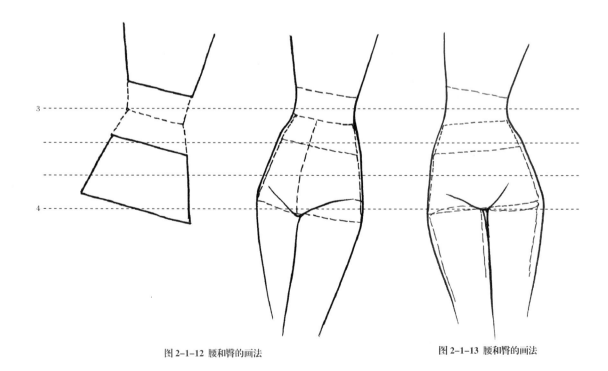

图2-1-12 腰和臀的画法　　　　　　　　图2-1-13 腰和臀的画法

绘制腿部

　　沿着腿部几何形体的边缘绘制腿部造型，注意臀部向大腿的过渡要自然。膝盖位置在 5 ～ 6 号线的1/2到 6 号线之间，绘制时线条不能太软也不能太圆，应体现出膝盖的骨骼感，这样才能很好地表现出腿部的支撑力度。小腿肚在 6 ～ 7 号线的1/2处，用曲线流畅地勾画出腿部优美的外轮廓。时装画中经常通过拉长腿部来夸张人体，而且，拉长的部位常常是小腿，大腿不能比小腿长，否则腿部看起来就会比例失衡，扭曲变形而失去美感（图2-1-14～图2-1-16）。

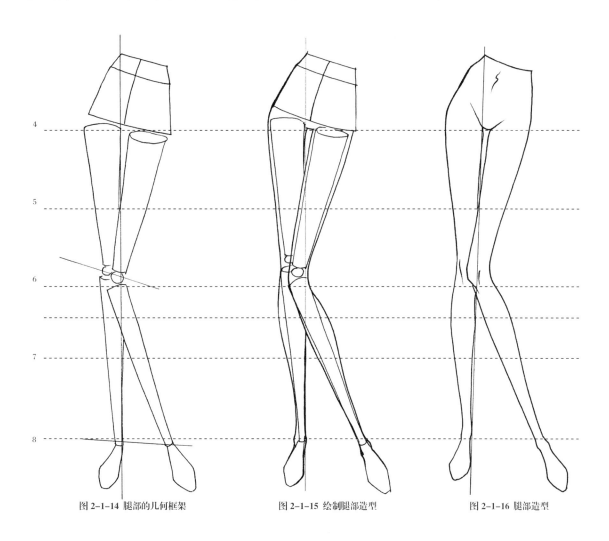

图 2-1-14 腿部的几何框架　　　　图 2-1-15 绘制腿部造型　　　　图 2-1-16 腿部造型

绘制手臂

　　手臂的画法与腿部相似，沿着手臂的几何框架边缘绘制，女性的手臂应该是纤细柔和，而不是棱角分明的。肘的位置在手臂自然下垂时与腰线平齐，手臂抬起时，在颈窝处设圆心，以颈窝到腰节为半径画弧，肘的位置就在这条弧线上。前臂弯曲时，要画出清晰的肘部造型，骨骼感要明显，否则手臂看起来会像"面条"一样软。8.5头体人物的手腕在 4 号线上，手长略小于头长，指尖一般不会超过 5 号线（图2-1-17～图2-1-19）。

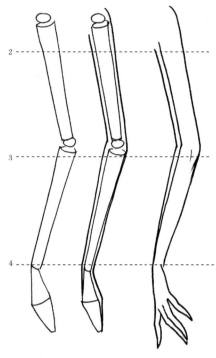

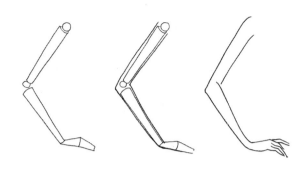

图 2-1-18 弯曲状态手臂的分步画法

图 2-1-17 自然状态手臂的分步画法

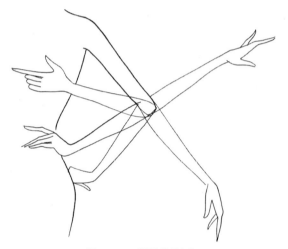

图 2-1-19 手臂的造型变化

（二）3/4 侧面女体的绘制步骤

步骤1、步骤2:参考前文介绍的正面女体的画法绘制（图2-1-20）。

步骤3:画出躯干部胸腔和腹腔的几何形态，由于3/4侧面的人体转离观察者，因此胸廓和骨盆的形状要比正面的形状窄（图2-1-21）。

步骤4:画出胸腔和腹腔的斜侧面几何形体。在胸廓的侧面画一个圆，以便在此画出上臂的圆柱造型。随后绘制承受重力的那条腿的几何框架图，注意重心线要落在这只脚上（图2-1-22）。

步骤5:同正面人体画法相同。用几何形体绘制手臂及腿部的动态图（图2-1-23）。

步骤6:连接胸腔和腹腔（图2-1-24）。

步骤7:在几何框架的基础上绘制完整的3/4侧面女体的动态图（图2-1-25）。

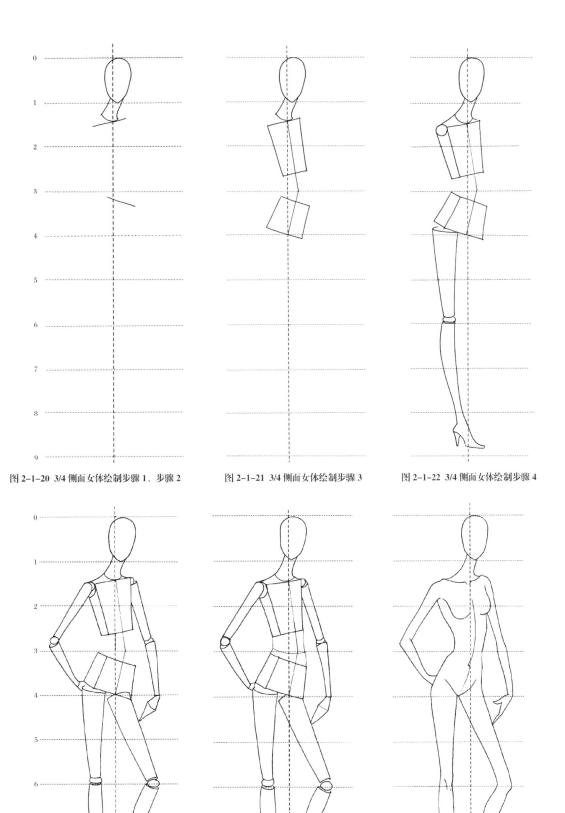

图 2-1-20 3/4 侧面女体绘制步骤 1、步骤 2　　　图 2-1-21 3/4 侧面女体绘制步骤 3　　　图 2-1-22 3/4 侧面女体绘制步骤 4

图 2-1-23 3/4 侧面女体绘制步骤 5　　　图 2-1-24 3/4 侧面女体绘制步骤 6　　　图 2-1-25 3/4 侧面女体绘制步骤 7

- ❶ 两肩点距离重心线的长度不同，由于透视的关系，远离观察者的那侧肩宽变短。
- ❷ 抓住斜侧面女体的造型特征，在胸部造型、骨盆造型上都有微妙的变化。
- ❸ 抓住斜侧面大腿的造型特点，注意表现好腿部造型。

（三）侧面女体的绘制步骤

步骤1：与正面人体画法步骤1相同。

步骤2：在0~1号线之间绘制一个倾斜的卵圆形侧面头部。颈部的圆柱体略向前倾斜，底端与重心线重合，重合点为颈窝处。由颈窝处画出胸腔几何形体顶部所在的线，是一条略向下倾斜的线，在3~4号线的上1/3处，画一条与上条线平行的斜线，此处为髋骨所在的位置，在两线中心引一条连接线，此线为人体的侧面线（图2-1-26）。

步骤3：画出胸腔侧面倒梯形几何形态和腹腔侧面正梯形几何形态，注意胸腔和腹腔的梯形要比正面的窄些。再画出人体承受重量的一条腿的几何框架（图2-1-27）。

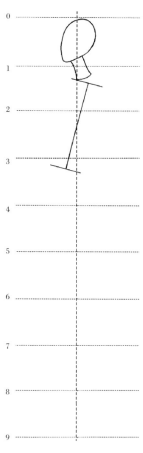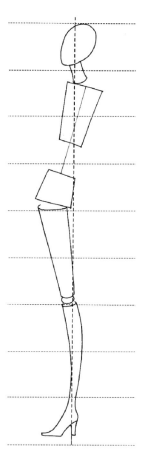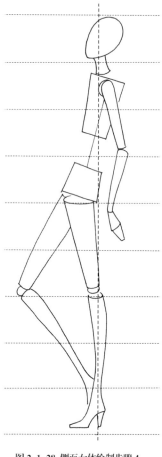

图 2-1-26 侧面女体绘制步骤 2　　　图 2-1-27 侧面女体绘制步骤 3　　　图 2-1-28 侧面女体绘制步骤 4

步骤4：在胸廓处画一个圆形，此处为手臂与肩的连接位置，画出手臂的几何形态，之后画出另一条腿的几何形态，注意两膝之间的透视关系（图2-1-28）。

步骤5：连接胸腔和腹腔（图2-1-29）。

步骤6：在人体几何框架的基础上填充肌肉，画出完整的人体动态（图2-1-30）。

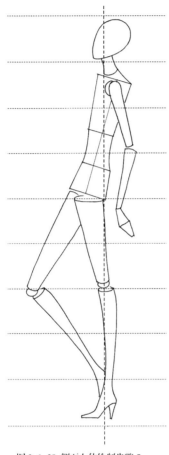

图 2-1-29 侧面女体绘制步骤 5

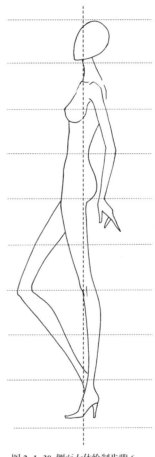

图 2-1-30 侧面女体绘制步骤 6

注意事项

❶ 侧面胸部的造型。

❷ 背、腰、臀之间形成的优美曲线。

❸ 侧面臀部的刻画。

❹ 侧面小腿的曲线。

第二章
人体绘画篇

（四）常见女体动态

常见女体动态（图2-1-31~图2-1-104）。

图 2-1-31
女体正面小腿分开站姿

图 2-1-32
女体正面双腿交叉式站姿

图 2-1-33
女体正面自然站姿

图 2-1-34
女体正面 S 形站姿

图 2-1-35
女体正面单手叉腰式站姿

图 2-1-36
女体正面可爱式站姿

图 2-1-37
女体正面双腿分开式站姿

图 2-1-38
女体行走姿势

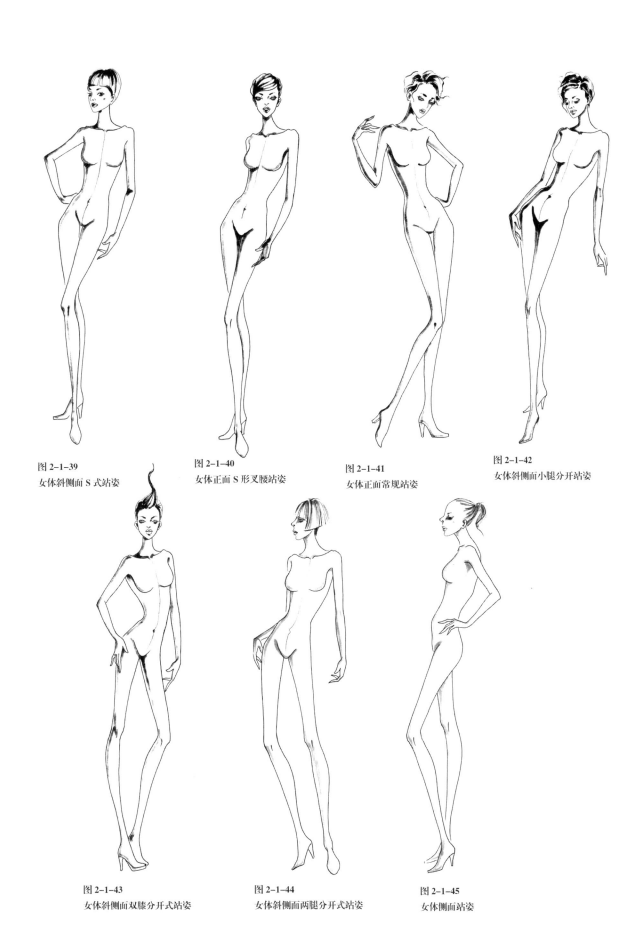

图 2-1-39
女体斜侧面 S 式站姿

图 2-1-40
女体正面 S 形叉腰站姿

图 2-1-41
女体正面常规站姿

图 2-1-42
女体斜侧面小腿分开站姿

图 2-1-43
女体斜侧面双膝分开式站姿

图 2-1-44
女体斜侧面两腿分开式站姿

图 2-1-45
女体侧面站姿

图 2-1-46
女体背面站姿

图 2-1-47
女体斜侧面舒展造型

图 2-1-48
女体正面常规站姿

图 2-1-49
女体侧面行走姿势

图 2-1-50
女体正面叉腰行走姿势

图 2-1-51
女体斜侧面舞蹈造型

图 2-1-52
女体侧面双腿前后分开式站姿

图 2-1-53
女体斜侧面芭蕾式站姿

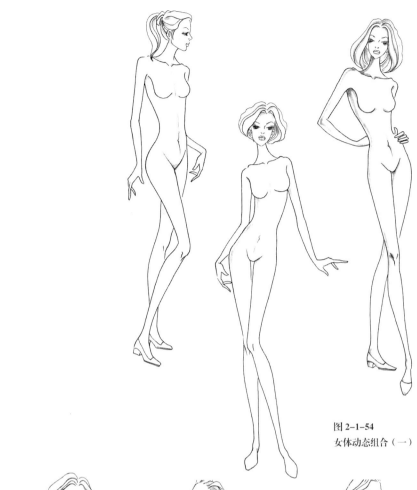

图 2-1-54
女体动态组合（一）

图 2-1-55
女体正面双腿分开造型

图 2-1-56
女体背面行走姿势

图 2-1-57
女体斜侧面淑女站姿

图 2-1-58
女体舞蹈站姿

图 2-1-59 女体动态组合（二）

图 2-1-60
女体侧面舞蹈站姿

图 2-1-61
女体少女化站姿

图 2-1-62
女体 S 式站姿

图 2-1-63
女体斜侧面行走姿势

图 2-1-64
女体动态夸张造型

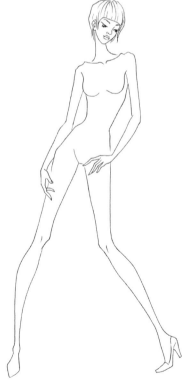

图 2-1-65
女体大幅度动态造型

图 2-1-66
女体斜侧面 S 式站姿

图 2-1-67
女体少女化动态

图 2-1-68
女体略夸张姿势

图 2-1-69
女体 S 形小腿分开站姿

图 2-1-70
女体经典式站姿

图 2-1-71
女体活泼式站姿

图 2-1-72
女体典雅式站姿

第二章

人体绘画篇

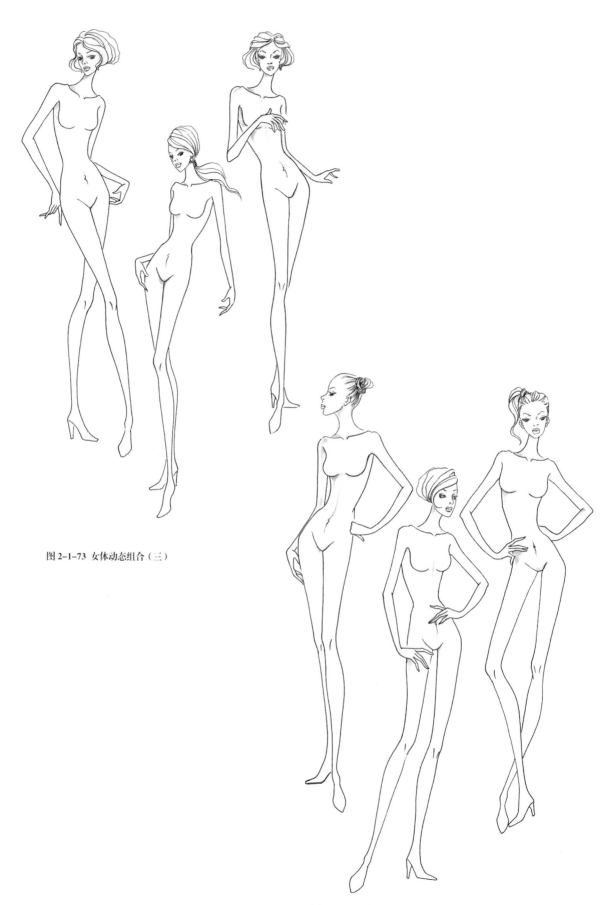

图 2-1-73 女体动态组合（三）

图 2-1-74 女体动态组合（四）

图 2-1-75
女体舞蹈式站姿

图 2-1-76
女体斜侧面造型变化

图 2-1-77
女体正面奔放式站姿

图 2-1-78
女体优美造型

图 2-1-79
女体休闲化站姿

图 2-1-80
女体舞蹈化姿态

图 2-1-81
女体正面休闲化站姿

图 2-1-82
女体行走式姿态

第二章 人体绘画篇

图 2-1-83 女体端庄站姿

图 2-1-84 女体双人组合站姿

图 2-1-85 女体休闲化姿态

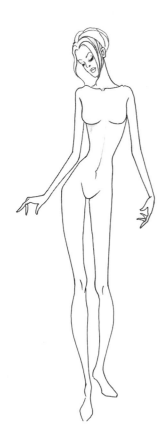

图 2-1-86
女体行走式优美姿态

图 2-1-87
女体小腿分开叉腰站姿

图 2-1-88
女体轻盈站姿

图 2-1-89
女体常规站姿

图 2-1-90 女体少女化姿态　　　　图 2-1-91 女体常见站姿　　　　　图 2-1-92 女体动态组合（五）

图 2-1-93 女体舒展的动态展示　　　　　　　　　　　　图 2-1-94
　　　　　　　　　　　　　　　　　　　　　　　　　女体动态组合（六）

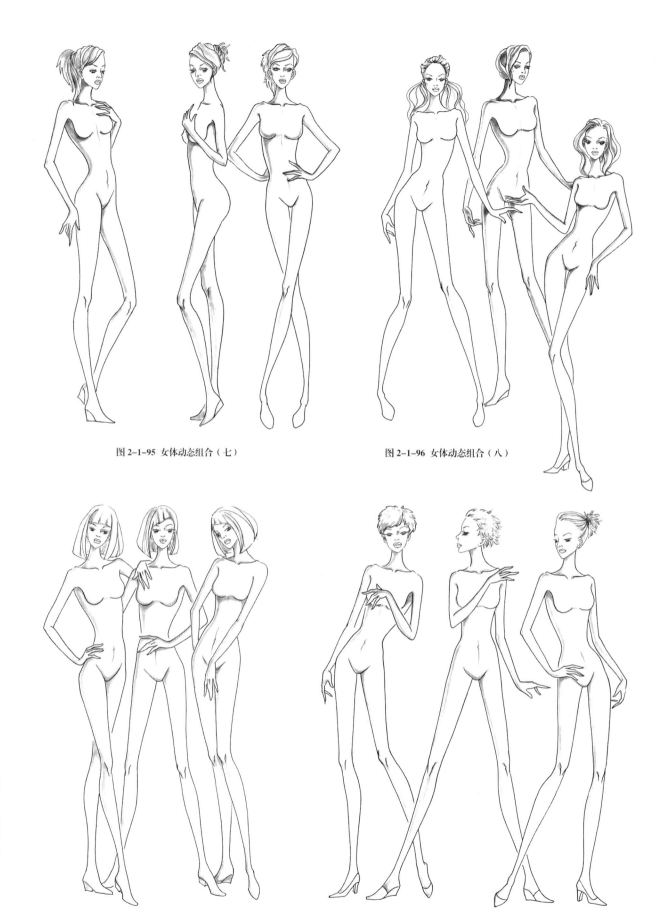

图 2-1-95 女体动态组合（七）

图 2-1-96 女体动态组合（八）

图 2-1-97 女体动态组合（九）

图 2-1-98 女体动态组合（十）

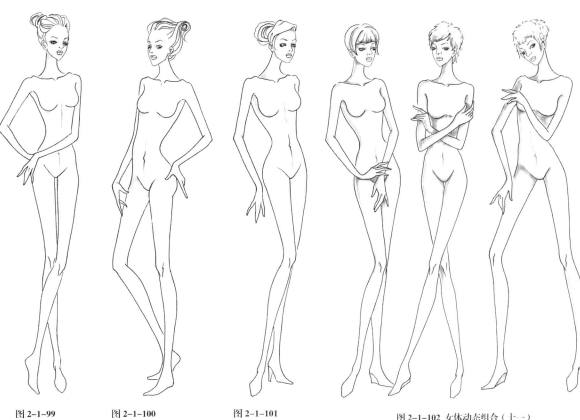

图 2-1-99
女体典雅站姿

图 2-1-100
女体斜侧面常规站姿

图 2-1-101
女体斜侧面常见姿势

图 2-1-102 女体动态组合（十一）

图 2-1-103 女体动态组合（十二）

图 2-1-104 女体动态组合（十三）

三、成人男体

男性与女性人体的区别主要在于男性的躯干曲线不十分明显；骨骼和肌肉结实饱满，强健而不肥硕，肌肉发达而不笨拙；肩部更宽、腰略粗；臀部较窄而浅，整个上半身呈倒三角形。服装效果图中的男体，要给人以健美、潇洒之感，适当考虑用稍硬的线条画男体，效果会好些。安排女装人体所用的公式也基本适用于男体。

> **服装效果图男体比例：**
>
> 　　肩的宽度约为2.5头宽，两乳间距为1个头宽；
>
> 　　腰部宽度略大于1.5头宽；
>
> 　　臀部宽度略小于两个头宽；
>
> 　　腕恰好垂在两腿交界的水平线上；
>
> 　　双肘约位于腰节所在的水平线上；
>
> 　　双膝大约在人体1/4的偏上处；
>
> 　　男性的脚长与头长相等，男性的头部比较大，因此脚部也相应夸张。

（一）男体绘制步骤

步骤1：与女体画法第一步相同（图2-1-105）。

步骤2：在0～1号线间画出卵圆形的头部，注意头顶近似圆球状，下颌略方，模特的脸型带些棱角，显示出男子的阳刚之气。之后画出柱状的脖颈，男子的脖颈比女子的要粗些，重心线经过颈窝处。在1～2号线的1/2处画出两肩点的连线，在3～4号线的上1/3处画出两髋骨的连线（图2-1-106）。

步骤3：根据人体比例及位置关系，按两肩点连线和两髋骨连线的倾斜方向画出代表胸腔和腹腔的几何形体，注意男性的肩较宽，臀围略窄，小于肩宽；画出承重的一条腿部造型，承受重量的脚应画在颈窝的正下方，重心线落在这只脚上，这样人体才能保持平衡状态（图2-1-107）。

步骤4：组合出完整的人体动态图，男子的动态应该是沉稳、大气、洒脱不羁的（图2-1-108）。

步骤5：连接胸腔和腹腔。胸腔和腹腔之间是腰节，男子的腰部略粗（图2-1-109）。

步骤6：在人体几何框架的基础上填充肌肉，画出完整的人体动态（图2-1-110）。

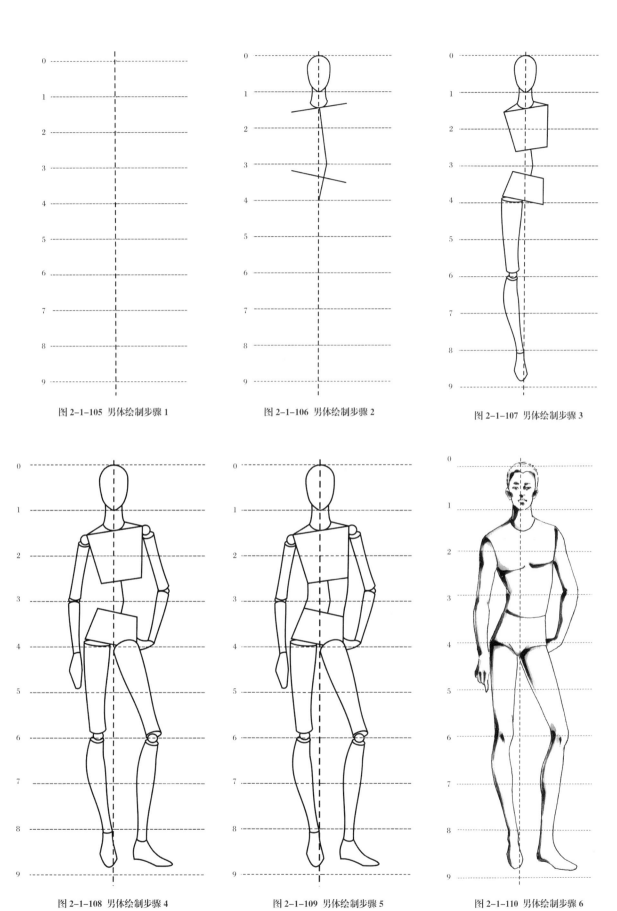

图 2-1-105 男体绘制步骤 1

图 2-1-106 男体绘制步骤 2

图 2-1-107 男体绘制步骤 3

图 2-1-108 男体绘制步骤 4

图 2-1-109 男体绘制步骤 5

图 2-1-110 男体绘制步骤 6

绘制肩颈部

在1~2号线的1/2处，由脖颈向肩过渡，男性的肩宽相当于2.5个头宽，要画出厚实的肌肉感。

绘制躯干部

沿着几何框架的边缘绘制胸腔的造型，男子的胸部肌肉发达，两乳间距为1个头宽。

绘制腰部和臀部

腰节的位置大约在3号线上，宽度约为1.5个头宽，它连接着胸腔和腹腔，注意绘制男子的腰部不要用柔软的曲线。由腰向臀的过渡中要注意3~4号线处髋骨的造型，选择略硬的线条突出这一部位的骨骼感，但又不能太生硬，把握好分寸。由髋到臀过渡要自然，线条要柔和。臀围最饱满的位置大约在4号线上，臀宽略小于两个头宽。男性的胸、腰、臀的造型变化整体呈倒三角形，体格健美。绘制时注意抓住人体特点，突出男性的阳刚之美。

绘制腿部

沿着腿部几何形体的边缘绘制腿部造型，注意臀部向大腿的过渡要自然。膝盖大约在6号线位置，绘制时注意男子的腿部比较健壮，肌肉感强，不能像画女体那样用柔韧的曲线，适当考虑用些直线条，曲直结合效果会好些。

绘制手臂

手臂的画法与腿部相似，沿着手臂的几何框架边缘绘制，注意男性的手臂应该是粗壮有力、富有肌肉感的，肘的位置在手臂自然下垂时与腰节线平齐，手臂弯曲时，肘部的骨骼分明，而男子的手比较粗大厚实。

（二）常见男体动态（图2-1-111～图2-1-129）

图 2-1-111
男体正面站姿

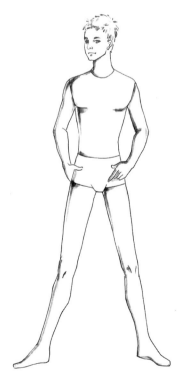

图 2-1-112
男体正面双腿分开站姿

图 2-1-113
男体正面常规站姿

图 2-1-114
男体行走姿势

图 2-1-115
男体行走动态

图 2-1-116
男体双脚交叉站姿

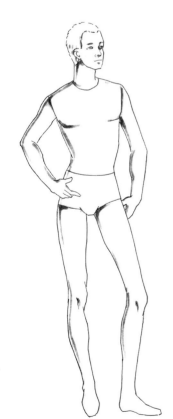

图 2-1-117
男体叉腰站姿

图 2-1-118
男体叉腰双脚交叉站姿

图 2-1-119
男体斜侧面站姿

图 2-1-120
男体斜侧面站姿

图 2-1-121
男体正面双腿分开式站姿

图 2-1-122 男体叉腰双脚分开站姿

图 2-1-123 男体正面行走姿势

图 2-1-124 男体正面行走造型

图 2-1-125 男体双膝分开站姿

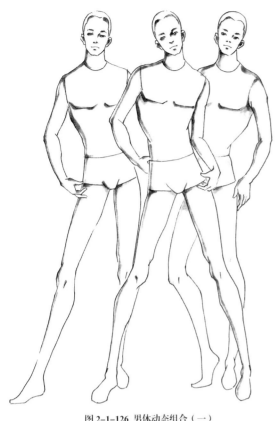

图 2-1-126 男体动态组合（一）

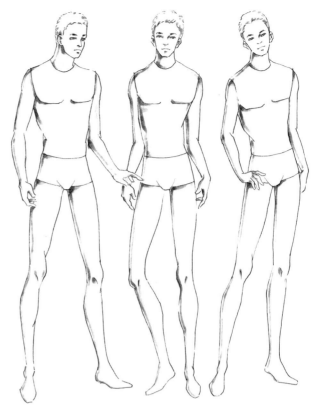

图 2-1-127 男体动态组合（二）

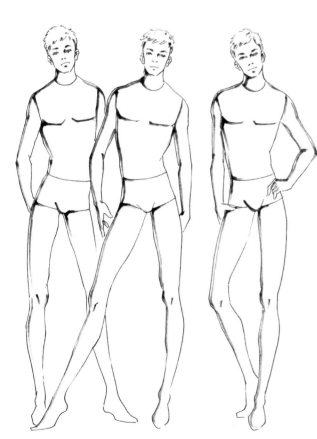

图 2-1-128 男体动态组合（三）

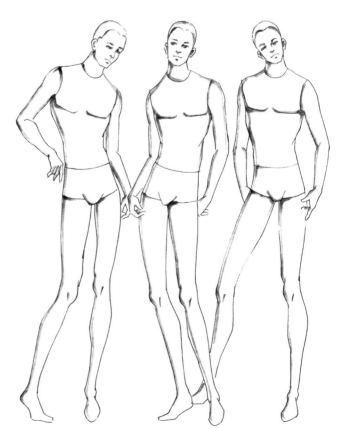

图 2-1-129 男体动态组合（四）

第二章
人体绘画篇

四、儿童体

不同年龄段的儿童，头长与身体高度的比例关系存在着明显的变化。细心观察会发现：利用儿童头部长度与身体的高度比例关系，更容易准确描绘出某个年龄段孩子的体型特点。

（一）幼儿

2～4岁，身高约为4个头长，身体特征为头部稍大、脖子短而细、身体圆润，动态稚嫩（图2-1-130）。

常见幼儿人体动态见图2-1-131～图2-1-134。

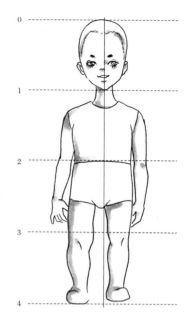

图 2-1-130 幼儿人体比例

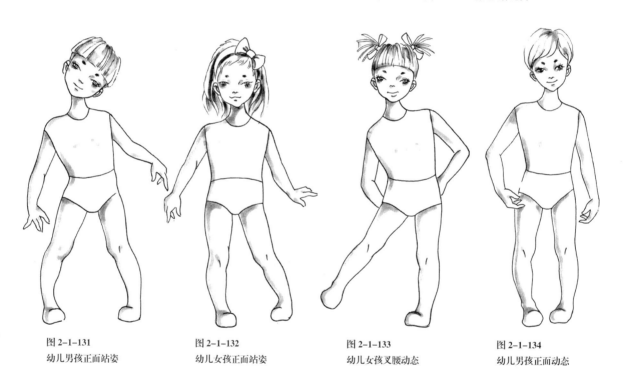

图 2-1-131
幼儿男孩正面站姿

图 2-1-132
幼儿女孩正面站姿

图 2-1-133
幼儿女孩叉腰动态

图 2-1-134
幼儿男孩正面动态

（二）少儿

5～9岁，身高约为5个头长，身体较幼儿略长些，依然身体圆润，动态活泼可爱。面颊饱满，眉骨柔和，五官位置约在头长的1/2偏下处（图2-1-135）。

常见少儿人体动态见图2-1-136～图2-1-140。

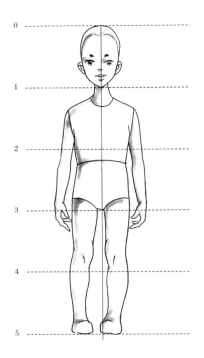

图 2-1-135 少儿人体比例

图 2-1-136 女童叉腰式站姿

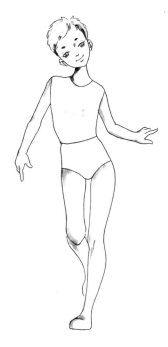

图 2-1-137 男童行走动态造型

图 2-1-138 女童正面叉腰动态

图 2-1-139 男童两腿分开式站姿

图 2-1-140 男童正面叉腰站姿

第二章 人体绘画篇

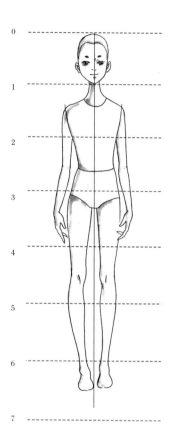

图 2-1-141 少年人体比例

（三）少年

１０～１２岁，身高约为6.5个头长，较瘦且腿略长，动作特点略显稚气且夸张，脸型和神态依稀带着孩童的痕迹（图2-1-141）。

常见少年人体动态见图2-1-142～图2-1-145。

图 2-1-142 女孩常见姿态

图 2-1-143 女孩双腿交叉式站姿

图 2-1-144 女孩单手叉腰式站姿

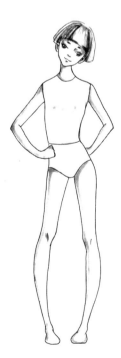

图 2-1-145 女孩双手叉腰式站姿

(四) 青年

13～18岁，身高约为7个头长，肩部和胸部变宽，腿和身材修长，已趋于成年人（图2-1-146）。

常见青年人体动态见图2-1-147～图2-1-150。

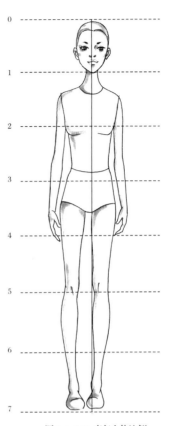

图 2-1-146 青年人体比例

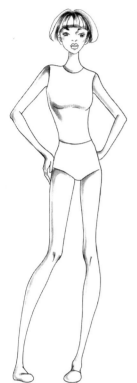

图 2-1-147
少女双手叉腰式站姿

图 2-1-148
少女两腿分开式站姿

图 2-1-149 少年叉腰式站姿

图 2-1-150 少年两腿分开式站姿

（五）各年龄段儿童体动态组合

各年龄段儿童体动态组合见图2-1-151～图2-1-161。

图 2-1-151 幼儿动态组合（一）

图 2-1-152 幼儿动态组合（二）

图 2-1-153 不同年龄段动态组合（一）

图 2-1-154 不同年龄段动态组合（二）

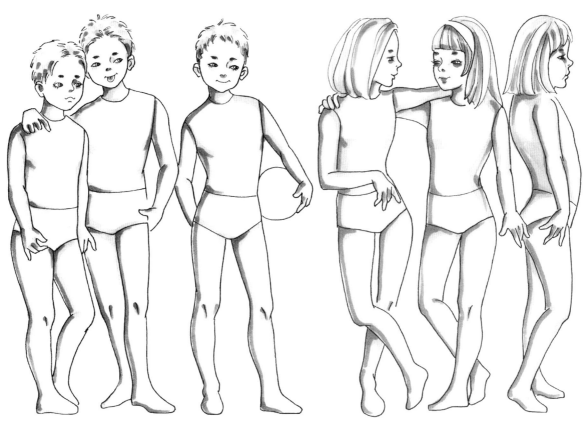

图 2-1-155 男童动态组合　　　　　　　　　　　图 2-1-156 女孩动态组合（一）

图 2-1-157 女孩动态组合（二）　　　　　　　　图 2-1-158 青少年动态组合（一）

图 2-1-159 青少年动态组合（二）

图 2-1-160 不同年龄段动态组合（三）

图 2-1-161 不同年龄段动态组合（四）

第二节 人物头像

一、五官的画法

（一）眉毛的画法

女性眉毛的画法

女性的眉毛有三个关键位置：眉头、眉峰、眉梢。眉长超过眼长，眉毛比眼睛弯曲的弧度大。

描画时注意眉头略粗，眉梢略细，眉峰挑起，眉峰的位置在整个眉长的2/3处，为眉毛的最高位置，由眉峰向眉梢自然下落，眉梢的位置高于眉头（图2-2-1）。

女性3/4侧面眉毛长度比正面的眉长略短，眉形的转折更明显，眉峰大约在整个眉长的1/2处，眉梢高于眉头（图2-2-2）。

女性侧面眉毛更短，转折更明显，大约在眉长前1/3处转折（图2-2-3）。

男性眉毛的画法

男性的眉毛比女性的略平直，看起来更粗重些，与眼睛的距离较近（图2-2-4、图2-2-5）。

同理，男性3/4侧面的眉毛，长度变短，依然粗重，转折明显（图2-2-6）。

男性侧面眉毛与女性侧面眉毛画法一样（图2-2-7）。

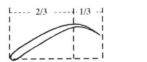 

图2-2-1 女性正面眉毛的画法

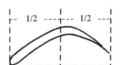 

图2-2-2 女性3/4侧面眉毛的画法

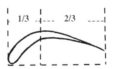 

图2-2-3 女性侧面眉毛的画法

图2-2-4 男性正面眉毛的画法

图2-2-5 男性正面眉毛绘制完成图

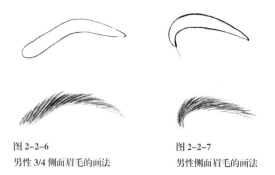

图 2-2-6
男性 3/4 侧面眉毛的画法

图 2-2-7
男性侧面眉毛的画法

（二）眼睛

眼睛是心灵的窗口，它可以表现出人的精神面貌和风采。同时，人的各种情绪也可以通过眼睛传递出来。服装效果图中常常对眼睛进行着意刻画，增加人物形象的艺术感染力。

女性眼睛的画法

女性正面眼睛的绘制见图2-2-8。

步骤1：画出一长方形，长和宽的比例约为2.5∶1，中间画一条横线，此线为内眼角所在的位置。描绘眼形，近似于菱形，眼尾略高于内眼角。

步骤2：绘制虹膜和瞳孔。虹膜本是圆形，被上眼睑遮住一部分，只需画出半圆，半圆的下端与下眼睑刚刚相碰。瞳孔是整圆，虹膜和瞳孔是同心圆。

步骤3：将瞳孔涂黑，假想光源方向，对应光源方向留出高光点。由瞳孔向虹膜周围画出放射状的线。加黑、加重上眼睑，由眼尾开始沿着上眼睑的弧线走向描画双眼皮。简单画出内眼角的泪腺。

步骤4：刻画虹膜，使眼睛看起来更生动。从上眼睑沿斜上方画出睫毛，下眼睑的睫毛略短。

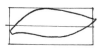   

图 2-2-8 女性正面眼睛的绘制

女性3/4侧面眼睛的绘制见图2-2-9。

女性3/4侧面眼睛的绘制和正面眼睛的绘制步骤相似，唯有眼长和眼宽的比例缩短，上眼睑弧度转折较大。

 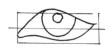 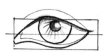

图 2-2-9 女性 3/4 侧面眼睛的绘制

女性3/4侧面双眼的组合绘制见图2-2-10~图2-2-12。

图 2-2-10
女性 3/4 侧面双眼绘制步骤 1

图 2-2-11
女性 3/4 侧面双眼绘制步骤 2

图 2-2-12
女性 3/4 侧面双眼绘制步骤 3

女性侧面眼睛的绘制见图2-2-13。

　　描画出三角形的眼部侧面造型，眼长变为正面眼长的一半，注意上下眼睑的倾斜角度。虹膜和瞳孔都变成椭圆形。

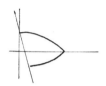

图 2-2-13　女性侧面眼睛的绘制

男性眼睛的画法

　　男子眼睛的绘制同女性的一致，只是形态有些不同，男性的眼睛不需太大太圆，上眼睑加粗、加重以体现深邃感；睫毛很短，一般不画（图2-2-14～图2-2-17）。

图 2-2-14 描画眼型，线条要有一定的硬度，眼形狭长

图 2-2-15 绘制虹膜和瞳孔，加粗上眼睑

图 2-2-16 假想光源方向，通过明暗调子刻画瞳孔和虹膜，再画出窄窄的双眼皮

图 2-2-17 深入刻画眼部细节，完善眼部造型

（三）鼻子的画法

　　服装效果图中鼻子的绘制需要简化处理，不能喧宾夺主，有时简单到只需画出两个鼻孔。

女性鼻子的画法

女性正面鼻子的绘制见图2-2-18。

　　步骤1：画出棱柱状鼻子几何形态。
　　步骤2：画出鼻翼和鼻尖的造型。
　　步骤3：画出一侧鼻梁，柔曲鼻翼，和中心线左右对称。
　　步骤4：完善鼻子造型，注意鼻孔不要画得太圆。

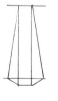

图 2-2-18 女性正面鼻子的绘制

女性鼻子的不同形态见图2-2-19～图2-2-21。

图 2-2-19 平视的鼻子形态　　　　　图 2-2-20 俯视的鼻子形态　　　　　图 2-2-21 仰视的鼻子形态

女性3/4侧面鼻子的绘制见图2-2-22。

步骤1：画出斜侧面棱柱状鼻子几何形态。

步骤2：画出鼻翼和鼻尖的造型。

步骤3：画出鼻梁，柔曲鼻翼，鼻底大约在鼻尖和鼻翼的中点处。

步骤4：完善鼻子造型加阴影，润色。

图 2-2-22 女性 3/4 侧面鼻子绘制 2

女性侧面鼻子的绘制见图2-2-23。

步骤1：画出侧面鼻子的几何形态。

步骤2：圆曲鼻翼和鼻尖。

步骤3：画出鼻梁，鼻底在鼻尖和鼻翼的中点处。

步骤4：加阴影，润色。

图 2-2-23 女性侧面鼻子的绘制

男性鼻子的画法

男性鼻子的绘画步骤和女性的一样，只是外观上比女性少些柔和，鼻梁、鼻翼的处理要干脆且有力度感。男性鼻子各角度形态见图2-2-24。

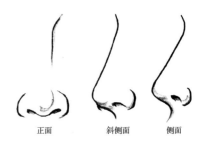

正面　　　　斜侧面　　　侧面

图 2-2-24 男性鼻子各角度形态

（四）嘴的画法

嘴是五官刻画中非常重要的一个环节，它能彰显人的气质，表达人的情绪，绘制时应注意嘴部与面部其他器官的协调。

女性嘴的画法

女性正面嘴型的绘制见图2-2-25。

步骤1：画一条横线并确定嘴的长度，把嘴长线四等分。

步骤2：直线勾勒出上、下唇唇形，下唇比上唇略厚。

步骤3：圆曲口裂线及上、下唇形，强调嘴角。

步骤4：加影调，润色。

图 2-2-25 女性正面嘴型的绘制

女性3/4侧面嘴型的绘制见图2-2-26。

步骤1：把唇长线按2∶3分割。

步骤2：直线画出上、下唇唇形，下唇比上唇略厚。

步骤3：圆曲口裂线及上下唇形，强调嘴角。

步骤4：加影调，润色。

图 2-2-26 女性 3/4 侧面嘴型的绘制

女性侧面嘴型的绘制见图2-2-27。

步骤1：用直线绘制嘴部侧面形态，注意下唇凹入、上唇凸出。

步骤2：描画上下唇形。

步骤3：圆曲唇形。

步骤4：加阴影，润色。

图 2-2-27 女性侧面嘴型绘制

男性嘴型的画法

男性嘴型的绘制步骤和女性的一致，只是外观形态有所不同，男性的嘴型比女性的要薄些，少些柔和，多了刚毅的硬线条，不必画出完整的下嘴唇唇线。

步骤1：用直线勾画嘴部造型（图2-2-28）。

步骤2：柔曲处理（图2-2-29）。

步骤3：加影调，并详细刻画（图2-2-30）。

图2-2-28 男性嘴型的绘制步骤1　　图2-2-29 男性嘴型的绘制步骤2　　图2-2-30 男性嘴型的绘制步骤3

（五）耳朵

耳朵在人的表情变化中最为含蓄，一般女性耳朵被秀发遮掩，露出的机会不多，但男性和儿童的耳朵常常裸露在外，在绘制时要格外留意，画不好会成为一张不错的效果图上的污点。耳朵的正确位置在脸颊两侧的眼睫线和鼻底线之间。

耳朵的画法见图2-2-31。

步骤1：画出外耳廓的造型。

步骤2：绘制耳朵的内部曲线，像贝壳的纹路一样，注意耳垂的形状。

步骤3：适当加些影调，突出耳朵的立体感。

各角度耳朵的造型见图2-2-32。

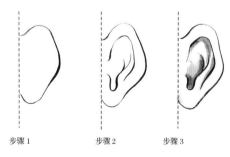   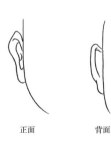

步骤1　　　　步骤2　　　　步骤3　　　　　　　侧面　　　　正面　　　　背面

图 2-2-31 耳朵的绘制　　　　　　　　　图 2-2-32 各角度耳朵的造型

二、脸型的画法

任何表现人物的艺术作品，面部造型始终是刻画的重点。生动、鲜明的面部表达可以使整个服装效果图更具生命力和表现张力。因而，绘画时需掌握共性的美，这就要求脸型、五官的比例和位置的处理能反映出一般人所共识的美感。

绘制面部，首先要刻画好脸型，女性常规的脸型为卵圆形，下颌略尖。其次，要掌握好五官的位置和比例。绘制五官基本遵循"三庭五眼"的规律（图2-2-33）。所谓"三庭"，即发际到眉毛为一庭；眉毛到鼻底为一庭；鼻底到下颌为一庭。这个比例是指头部平视时的位置关系，当仰视或俯视时，比例将会发生变化。"五眼"，即头部平视时，从正面观察，把两耳之间分为五等份，鼻子在中间等分段处。每个等分段约为一个眼长，但时装画为了表现人物的个性美，眼睛的大小、造型经常随设计者的理念做些可爱的调整，以增强人物形象的艺术性和欣赏性。同时，面部肌肉要适当忽略，鼻子也不是刻画的重点，简单带过即可，眼与嘴的形态是需要着重刻画的，最好能诠释出人物的情态、个性以及精神风貌。对于较为突出的骨点，如眉骨、颧骨、下颌骨刻画时也是不容忽视的。

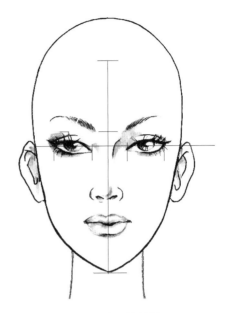

图 2-2-33 三庭五眼示意图

（一）女性正面脸型的画法

步骤1：以2：1的比例画出长方形，横向二等分，竖向四等分，即将长方形分为8个小正方形（图2-2-34）。

步骤2：绘制头型，女性的头型为卵圆形，头顶约在1线-2线的上三分之一处，半球状，注意不要画尖也不要画平；下颌略尖（图2-2-35）。

步骤3：两耳之间五等分，标出五官位置、画出五官大型。发际线在第2线上；眉毛在第3线上；眼在3线-4线的1/2偏上处；鼻底在第4线上；唇裂线在4线-5线的上1/3处；耳朵在眼睛和鼻底之间（图2-2-36）。

步骤4：按照之前所学正面五官的画法详细刻画五官（图2-2-37）。

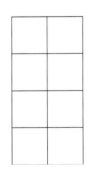

图 2-2-34 女性正面脸型的绘制步骤 1

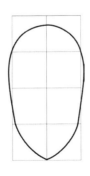

图 2-2-35 女性正面脸型的绘制步骤 2

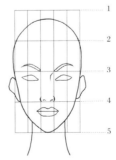

图 2-2-36 女性正面脸型的绘制步骤 3

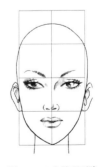

图 2-2-37 女性正面脸型的绘制步骤 4

(二)女性 3/4 侧面脸型的画法

步骤1：以4:3的比例绘制长方形，长4等分，宽3等分（图2-2-38）。

步骤2：绘制3/4侧面头型。注意头顶、前额、颧骨、下颌等位置的刻画（图2-2-39）。

步骤3：依然按"三庭"的规律安排五官的位置，面部中心线也移动成弧线。由于透视关系，两眼的大小有微妙的变化，近处的眼睛略大，五官改为侧面形态（图2-2-40）。

步骤4：详细刻画人物形象（图2-2-41）。

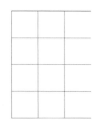 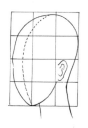 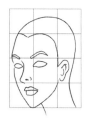 

图 2-2-38
女性 3/4 侧面脸型的绘
制步骤 1

图 2-2-39
女性 3/4 侧面脸型的绘
制步骤 2

图 2-2-40
女性 3/4 侧面脸型的绘
制步骤 3

图 2-2-41
女性 3/4 侧面脸型的绘
制步骤 4

女性3/4侧面脸型绘制要点见图2-2-42。

(三)女性侧面脸型的画法

步骤1：以4:3的比例绘制长方形，长4等分，宽3等分（图2-2-43）。

步骤2：绘制侧面头型。注意头顶、前额、鼻梁、嘴唇、下颌等位置的刻画（图2-2-44）。

步骤3：依然按"三庭"的规律安排五官的位置，只是五官都改为侧面形态。画侧面头像时应注意鼻子和嘴唇要突出于头形之外，富有表现力的嘴部造型是人物形象的一大亮点，同时注意颈部圆柱体的角度和耳朵的位置（图2-2-45）。

步骤4：详细刻画人物形象（图2-2-46）。

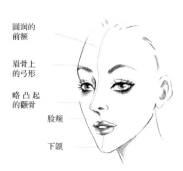

圆润的
前额

眉骨上
的弓形

略凸起
的颧骨

脸颊

下颌

图 2-2-42 女性 3/4 侧面脸型的绘制要点

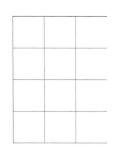 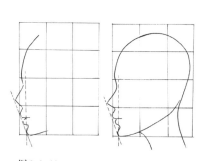 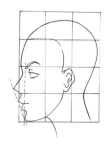 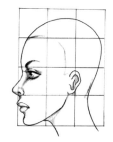

图 2-2-43
女性侧面脸型的绘制步骤 1

图 2-2-44
女性侧面脸型的绘制步骤 2

图 2-2-45
女性侧面脸型的绘制步
骤 3

图 2-2-46
女性侧面脸型的绘制步
骤 4

服装效果图
从入门到精通1000例（第二版）

(四) 男性脸型的画法

男性脸型依然遵循"三庭五眼"的规律。面部轮廓棱角分明，特别是前额、鼻梁、颧骨、下颌等处要着重体现阳刚之气。男性脸型的不同形态见图2-2-47～图2-2-49。

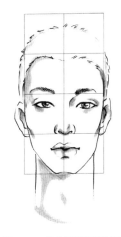

图 2-2-47 男性正面脸型的绘制

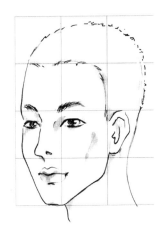

图 2-2-48 男性 3/4 侧面脸型的绘制

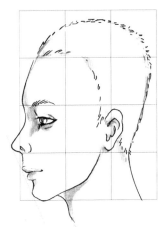

图 2-2-49 男性侧面脸型的绘制

三、发型的画法

虽然效果图的重点在于体现服装，但捕捉到时尚的面孔和发型却是绘制过程中更有趣的部分。绘制发型时要把握好发际线的位置和头发的厚度，解决好发型的梳理脉络及发丝的详略处理。

(一) 发型的绘制方法

步骤1：绘制基本头型。

步骤2：确定五官位置，简单勾画五官。

步骤3：绘制发型的大致轮廓，不同的发型会形成不同的轮廓。掌握好头发与头皮之间的厚度。松散的头发，如短发、烫发等，头顶至耳侧处都很蓬松；束紧的发型，如盘发、发辫等，头发与头皮之间间隙较小，形成紧贴颅骨的造型。绘制时根据发型梳理的脉络，由发际线开始分成若干组进行。

步骤4：详细刻画发型。根据发型特点，表现好每组发丝的梳理方向，并用明确的线条把发丝走向画出来。注意线条要有疏密、长短、粗细的变化，切忌线条均匀分配。同时，整体观察、区分各组线条之间的穿插关系，把握好前后穿插和主次穿插，做到虚实相间、详略得当。

正面发型画法（图2-2-50～图2-2-53）

图 2-2-50
概括绘制脸型及动势

图 2-2-51
找出五官位置

图 2-2-52
绘制发型轮廓

图 2-2-53
分层次绘制发型及完善五官

斜侧面发型画法（图2-2-54～图2-2-57）

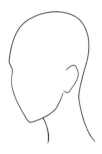 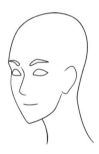  

图 2-2-54
概括绘制脸型及动势

图 2-2-55
找出五官位置

图 2-2-56
绘制发型轮廓

图 2-2-57
分层次绘制发型及完善五官

侧面发型画法（图2-2-58～图2-2-61）

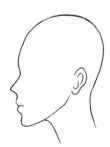 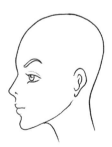  

图 2-2-58
概括绘制脸型及动势

图 2-2-59
找出五官位置

图 2-2-60
绘制发型轮廓

图 2-2-61
分层次绘制发型及完善五官

服装效果图

从入门到精通 1000 例（第二版）

(二) 发型欣赏

短发造型 (图2-2-62~图2-2-73)

图 2-2-62 BOB 发型

图 2-2-63 中分式 BOB 发型

图 2-2-64 纹理烫短发

图 2-2-65 短发梨花头

图 2-2-66 荷叶头

图 2-2-67 沙宣头

图 2-2-68 中分式蘑菇头

图 2-2-69 不对称式短发

图 2-2-70 荷叶式短发

图 2-2-71 经典学生头

图 2-2-72 蘑菇头

图 2-2-73 个性沙宣发型

第二章 人体绘画篇

长发造型（图2-2-74～图2-2-85）

图 2-2-74 自然中长发

图 2-2-75 扎系长发造型

图 2-2-76 荷花烫发型

图 2-2-77 扎系式发型

图 2-2-78 麻花辫发型

图 2-2-79 梨花烫发型

图 2-2-81 扎系式发型

图 2-2-80 中长卷发造型

图 2-2-82 梨花式中长卷发

图 2-2-84 自然卷曲中长发

图 2-2-83 自然卷曲烫发

图 2-2-85 扎系式中长发

第二章

人体绘画篇

盘发造型（图2-2-86～图2-2-91）

图 2-2-87 花苞式发型

图 2-2-86 个性丸子头

图 2-2-88 包包头

图 2-2-90 简单盘绕发型

图 2-2-89 鸟窝头型

图 2-2-91 花苞式盘发

有配饰的发型(图2-2-92～图2-2-100)

图 2-2-92 连衫帽

图 2-2-93 休闲式盆帽

图 2-2-94 荷叶边渔夫帽

图 2-2-95 风雪帽

图 2-2-96 宽檐礼帽

图 2-2-97 装饰性礼帽

图 2-2-100 蝴蝶结装饰发型

图 2-2-98 针织帽

图 2-2-99 鸭舌帽

第三节 手和脚的画法

一、手的画法

手由手掌和手指组成，手掌如扇形，绘制时要掌握手的结构和比例。手的姿势变化丰富，在服装效果图的表现中，有时不需将所有手指画出，抓住大轮廓，以简单的笔调概括出手的形态即可。手的基本比例见图2-3-1。

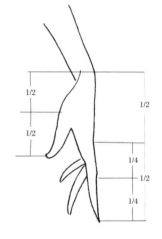

图 2-3-1 手的基本比例

手的绘制步骤（图2-3-2、图2-3-3）

步骤1：先画出手的几何形态。

步骤2：沿着几何形态的边缘提炼出手的基本形状。

步骤3：绘制完整手形。

手臂与手腕的转折变化（图2-3-4、图2-3-5）

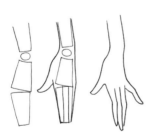

图 2-3-2 自然下垂手势绘制

图 2-3-3 上挽手势绘制

图 2-3-4 下翻手势中手臂与手腕的转折变化

图 2-3-5 平展手势中手臂与手腕的转折变化

各种手的姿态见图2-3-6。

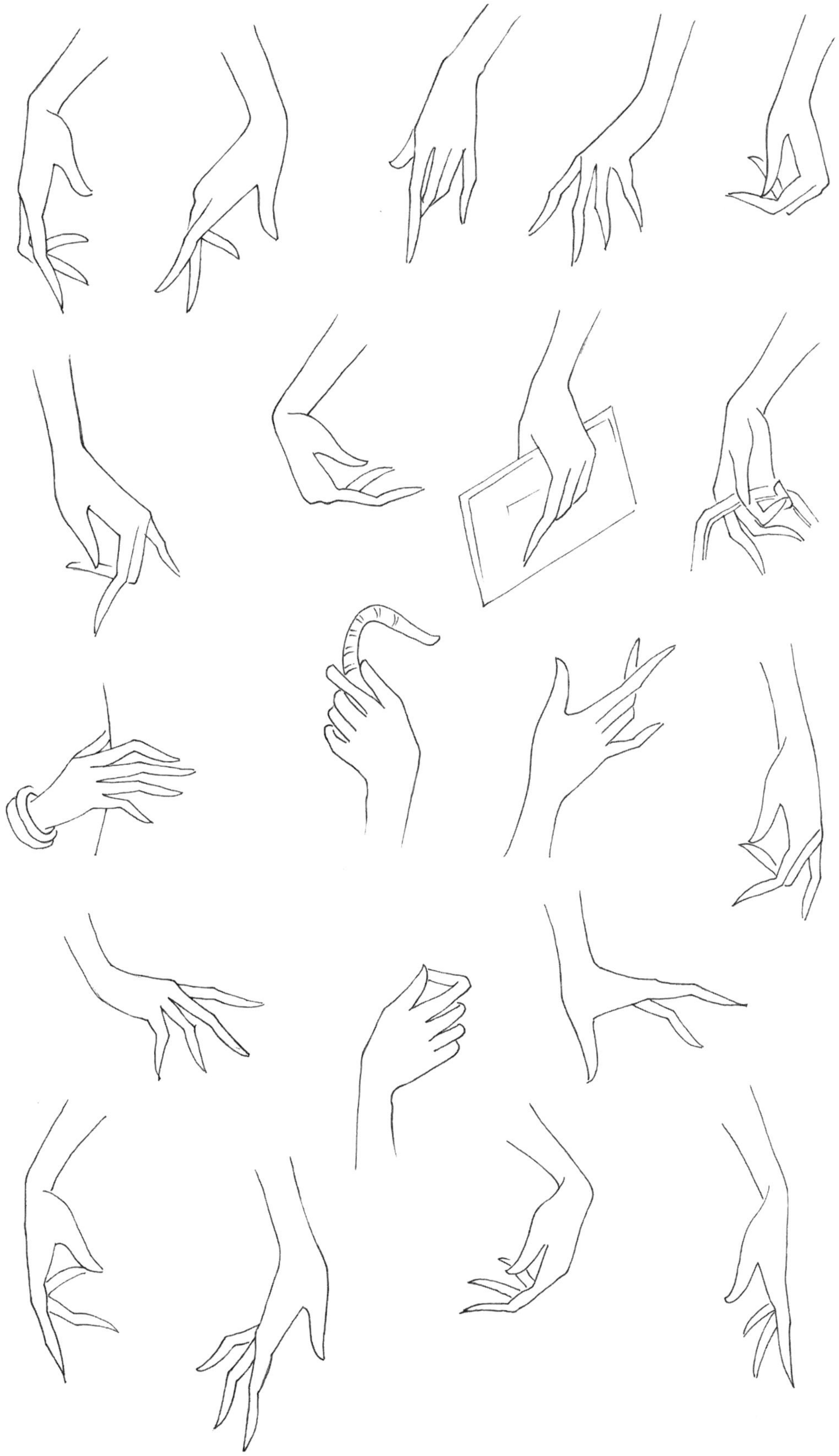

图 2-3-6 各种手的姿态

二、脚（鞋）的画法

服装效果图中的脚，多数穿着鞋子，因此重点学习鞋的画法，用鞋型来代替脚的姿态（图2-3-7～图2-3-10）。

绘制步骤

步骤1：先画出鞋的几何形态。

步骤2：沿着几何形态的边缘提炼出鞋的基本形状。

步骤3：绘制完整鞋形。

脚与鞋的动态（图2-3-11～图2-3-21）

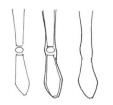

图2-3-7 正面鞋的画法

图2-3-8 斜侧面鞋的画法

图2-3-9 正侧面鞋的画法

图2-3-10 背侧面鞋的画法

图2-3-11 尖头单鞋

图2-3-12 流苏单鞋

图2-3-13 叠褶式单鞋

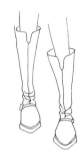

图2-3-14 马丁靴

图2-3-15 休闲式短靴

图2-3-16 长筒靴

图2-3-17 细带单鞋

图2-3-18 花式拖鞋

图2-3-19 针织卷边短靴

图2-3-20 裘皮装饰单鞋

图2-3-21 常规女单鞋

第三章
服装绘画篇

第一节 人体着装画

　　服装效果图是由人体和服装两部分组成的，在掌握了人体绘画的基础上，还要研究人体与服装的关系。当服装穿在身上时，会与人体发生离合变化的空间关系，包括外力支撑形成的空间（如裙撑）、人体运动产生的空间（如褶皱）。一般来说，人体的肩、肘、髋、膝是支撑服装的主要支点，支撑点以外的部位会随着肢体的运动相应地产生离合变化，从而产生衣纹。画衣纹要把握规律，去繁就简，突出重点。

　　不同软硬的面料产生的衣纹是不一样的，硬质面料的衣纹较少且硬，视觉上干脆、清晰；柔软面料的衣纹比较繁多且圆滑；轻薄面料褶皱细碎；厚重面料褶皱数量少、粗重。同时，还要注意衣纹的虚实变化，服装与人体接触的地方，要画实，要与人体形态相符；服装没有与人体接触的地方，要画虚，要与实处相得益彰。当然，绘制着装人体时，还要明白哪一种姿势最能把衣服的特点、风貌展示出来。服装的设计亮点应当得到重点展示，而且在某种情况下还可以表现得略夸张一些。

　　人体着装画需要解决好服装的外形、服装与人体动态、不同类型服装画法等几大方面的问题。

一、服装的廓型

　　绘制人体着装一般从观察服装的外形入手。首先勾勒出人体动态，以此为模版，画出服装的外形轮廓，再由整体到局部，由梗概到细节，逐步深入刻画。

　　常见的服装外形用字母的形式可表示：

H 型案例（图 3-1-1 ~ 图 3-1-3）

H型：不强调腰和胸部的曲线，外轮廓犹如矩形，肩、胸、腰、臀、下摆呈等宽造型，这样的廓型简约、朴素、不张扬。

V 型案例（图 3-1-4 ~ 图 3-1-6）

V型：夸张肩部，收拢下摆，整体呈倒三角造型，风格夸张、有力度、充满阳刚之气。

图 3-1-1 箱型大衣　　　　　图 3-1-2 H 型无袖 T 恤　　　　　图 3-1-3 直筒裙

图 3-1-4 V 型外套　　　　　图 3-1-5 上宽下窄的服装组合　　　　　图 3-1-6 上宽下窄的服装组合

第三章 服装绘画篇

X 型案例（图 3-1-7 ～ 图 3-1-9）

X型：丰胸、细腰、宽臀、下摆夸大的造型，这种廓形强调横向的收缩与扩张，突出身体的曲线美，充满女性的浪漫气息。

图 3-1-7 X 型连衣裙

图 3-1-9 X 型半身裙

图 3-1-8 X 型外套

A型案例（图 3-1-10 ～图 3-1-12）

A型： 上窄下宽的造型，通过缩小肩部，夸大下摆形成上紧下丰的造型，风格活泼、飘逸、浪漫。

图 3-1-10 散摆半身裙

图 3-1-11 散摆连衣裙

图 3-1-12 A 型连衣裙

二、服装与动态

人体动态是为服装造型服务的，人体姿势焦点应集中突出该款服装的独特之处，更好地表现服装的外在美和内在美。

两腿分开的姿势适合表现裤装或休闲感的裙装（图3-1-13～图3-1-16）。

图 3-1-13 时尚大裆休闲裤

图 3-1-14 连身裙装

图 3-1-15 时尚泡泡袖创意衬衫

图 3-1-16 抽褶裙装

3/4侧面动态适合表现前身和后背的服装款式（图3-1-17～图3-1-20）。

图 3-1-17 垂感宽松休闲装

图 3-1-18 短款堆堆裙装

图 3-1-19 时尚创意鸡尾酒礼服

图 3-1-20 包臀连身裙套装

手臂支起的姿势适合表现袖子造型有亮点的服装款式（图3-1-21～图3-1-24）。

图 3–1–21 宽松娃娃裙

图 3–1–22 非对称图案设计套装

图 3–1–23 时尚休闲套装

图 3–1–24 时尚套裙两件套

背面姿势适合表现背部设计精彩的服装款式（图3-1-25～图3-1-27）。

图 3-1-25 带图案宽松休闲装

图 3-1-26 性感创意礼服

图 3-1-27 优雅礼服

三、人体着装赏析

服装根据其服用功能，一般可以分为礼服、通勤装、休闲装、创意装、泳装和内衣等。不同种类的服装风格迥异，体现出来的气韵也各具特色。

（一）礼服

礼服是极富感染力的服装类型，造型别致、色彩富丽、做工考究、面料精美，常常借用独具匠心的配饰做点缀，遥相呼应，为服装增添灵动的魅力。

礼服一般采用传统与时尚相结合的设计手法，造型以X型和A型为主，或高贵典雅，或轻盈雅致，凸显女性风采。考虑礼服的功能性，常采用富有光泽感的丝绸、薄纱、天鹅绒等面料。另外，带有亮片装饰或手工珠绣、印花、绣花的装饰性面料也被设计师大量用在礼服设计中。人体的活动，使这些有光泽感的面料看起来熠熠生辉，从而获得奢华、醒目的视觉效果（图3-1-28~图3-1-33）。

图 3-1-28 高开衩长礼服　　　　图 3-1-29 廓型感长礼服　　　　图 3-1-30 鱼尾式钉珠长礼服

图 3-1-31 不对称式短礼服

图 3-1-33 莲蓬裙式礼服

图 3-1-32 抽褶式礼服

(二) 通勤装

时至今日，办公室已俨然成为一个秀场，爱美的女人借方寸之地尽展魅力。职场着装通常分为正式、非正式、休闲三种类型，但是三者之间没有明显的界限。通勤装既要体现职业特色又要展示个人风格，在款式上追求简洁、大方，注重细节设计。蕾丝、刺绣、褶皱、荷叶边，经常看似不经意地穿插期间。色彩以淡雅的米白、银灰、适度含灰的粉绿、粉蓝为主。面料一般采用外观柔和，有适当挺度的精纺毛呢料，营造一种简洁、利落、不失优雅的商务典范（图3-1-34～图3-1-39）。

图 3-1-34
拼接式连衣裙

图 3-1-35
两件式束腰裙

图 3-1-36
造型感束腰裙

图 3-1-37
短袖套装

图 3-1-38
长袖套装

图 3-1-39
个性化套装

（三）休闲装

休闲装是闲暇时的着装，也是最能展示自我的服装。款式追逐潮流、引领时尚，既要富有机能性，又要便于组合，色彩丰富、自由、紧跟流行，面料选用棉、麻、针织、混纺皆可。绘制效果图时要表现柔和的色调变化，慎用形状凸显的高光（图3-1-40～图3-1-45）。

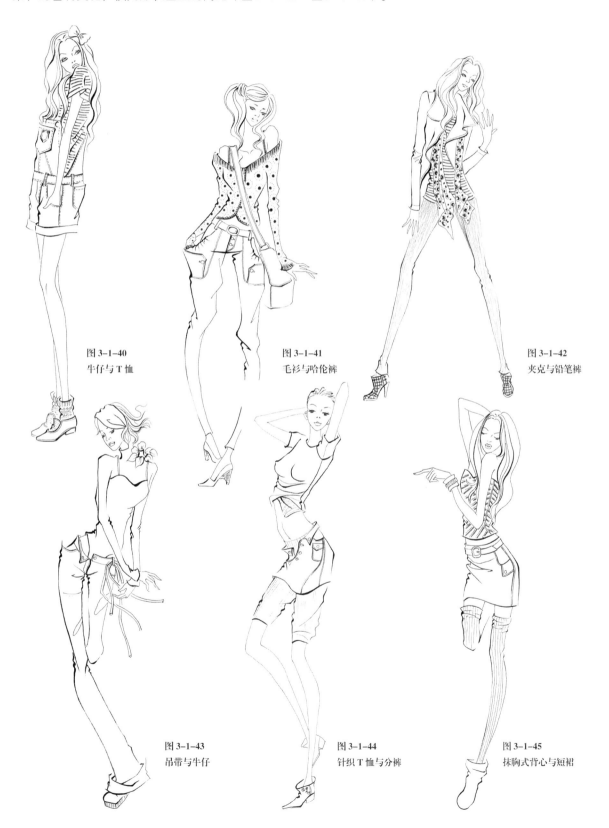

图 3-1-40
牛仔与 T 恤

图 3-1-41
毛衫与哈伦裤

图 3-1-42
夹克与铅笔裤

图 3-1-43
吊带与牛仔

图 3-1-44
针织 T 恤与分裤

图 3-1-45
抹胸式背心与短裙

第三章
服装绘画篇

(四) 创意装

创意是一种意识、一种理念，既可能是瞬间的灵感闪现，又可能是深远的文化沉淀，也是一种超越束缚、突破传统的思维表现，具有前卫的时尚度和个性的设计感，有反潮流或引领潮流的意味。因此，无论款式、面料、工艺还是设计手法，都可以天马行空、不拘一格（图3-1-46~图3-1-50）。

图 3-1-46 个性化长 T 恤　　　　　　　图 3-1-47 叠加式长裙

图 3-1-48 创意组合套装

图 3-1-49 个性化外套设计

图 3-1-50 花瓣式的袖型短裙

（五）泳装、内衣

　　这两种服装的基础外形有许多相似之处，但它们分属不同的服装类型。泳装和内衣风格多样、色彩丰富，可以性感迷人，也可以清新可爱，是海滩度假、日常生活的必备装束（图3-1-51～图3-1-54）。

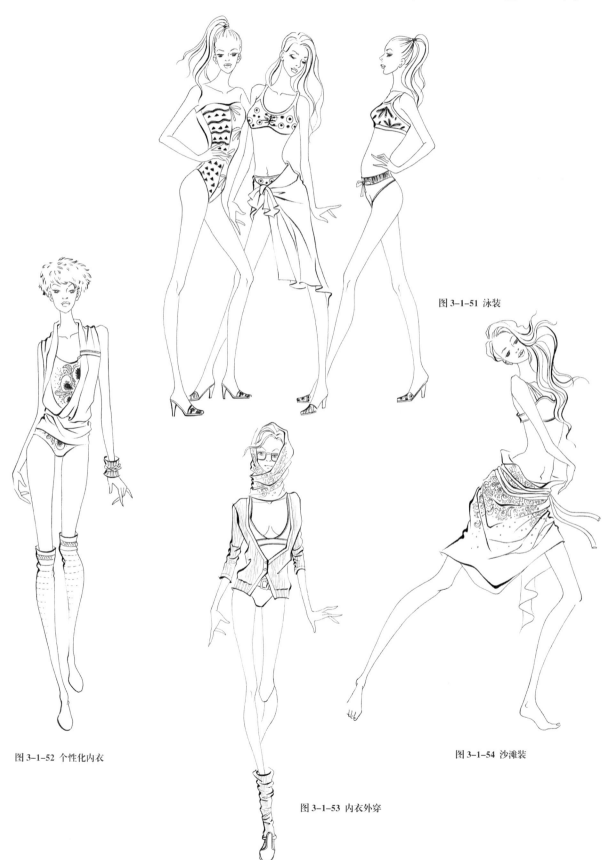

图 3-1-51 泳装

图 3-1-52 个性化内衣

图 3-1-53 内衣外穿

图 3-1-54 沙滩装

（六）人体着装赏析

人体着装动态与服装的关系是绘制的关键，人体着装见图3-1-55～图3-1-84。

图 3-1-55 街头时装

图 3-1-56 廓型女上衣

图 3-1-57 酷感连衣裙

图 3-1-58 通勤套装

图 3-1-59 街头时装

图 3-1-60 街头时装

图 3-1-61 针织套头衫

图 3-1-62 廓型衬衫

图 3-1-63 酷感时装

图 3-1-64 酷感时装

图 3-1-65 酷感时装

第三章
服装绘画篇

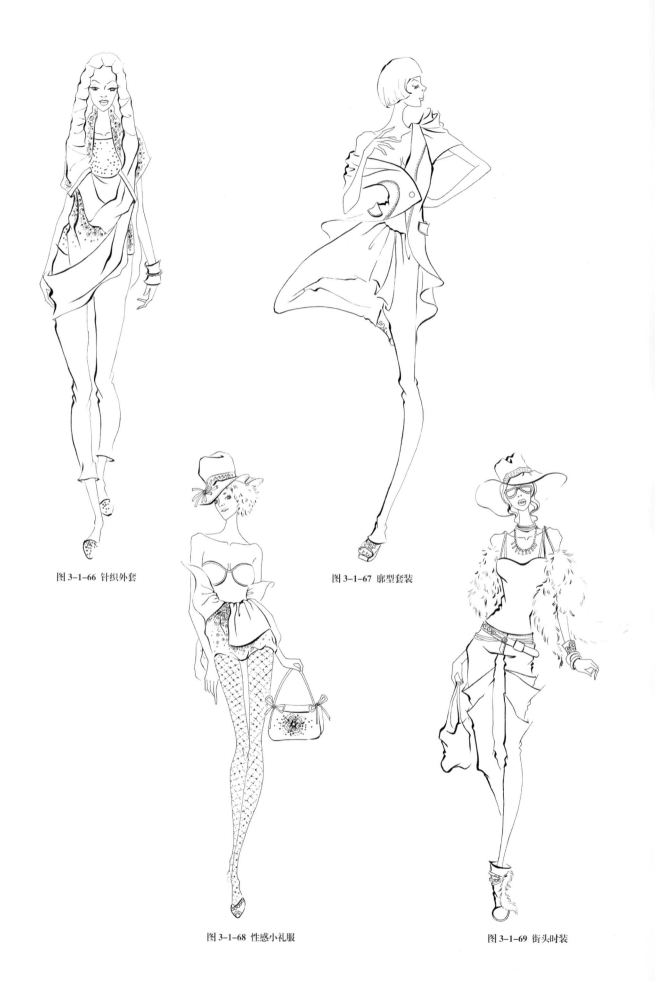

图 3-1-66 针织外套

图 3-1-67 廓型套装

图 3-1-68 性感小礼服

图 3-1-69 街头时装

图 3-1-71 披肩流苏时装

图 3-1-70 丝绸小礼服

图 3-1-73 波点连衣服

图 3-1-72 秋冬混搭套装

图 3-1-75 背心裙

图 3-1-77 针织套装

图 3-1-74 礼服

图 3-1-76 中性风格套装

图 3-1-79 通勤装组合

图 3-1-78 雪纺系列服装

图 3-1-80 针织系列服装

第三章
服装绘画篇

图 3-1-81 亲子装组合（一）

图 3-1-82 亲子装组合（三）

图 3-1-83 亲子装组合（二）

图 3-1-84 针织系列服装

服装效果图
从入门到精通 1000 例（第二版）

四、马克笔着色方法

因为马克笔不需调制颜色就可以直接使用，落笔颜色会快速变干。所以用马克笔绘制服装效果图应事先选好颜色，每个色系至少有3~4种过渡颜色，这样才能保证画面的层次感。下面以灰色调CG色系为例，介绍马克笔的着色技巧。

绘制步骤

步骤1：绘制铅笔稿人体着装效果图，擦掉多余的铅笔痕迹，保持画面整洁（图3-1-85）。

步骤2：选择较浅的灰色CG1，绘制人物皮肤、发色、衣服上简单的影调及纹样（图3-1-86）。

步骤3：选择中间色调的灰色CG2，用马克笔的宽笔头，沿着服装的结构大面积排色，笔触大多以排线为主，有规律地组织线条的方向和疏密，有利于形成统一的画面风格。可运用排笔、点笔、跳笔、晕化、留白等方法，灵活使用。另外，事先假想光源的方向，迎光的部分自然留白，不要填充颜色。马克笔不具有较强的覆盖性，淡色无法覆盖深色。因此，在给效果图上色的过程中，应该先上浅色，而后覆盖较深的颜色，并且要注意色彩之间的自然过渡。用CG3在远离光源的地方添加上阴影，填充面积不宜过大，约占整件衣服的三分之一。在运笔过程中，用笔的遍数不宜过多。在第一遍颜色干透后，再进行第二遍上色，而且要准确、快速。否则色彩会渗出而形成混浊之状，从而失去马克笔透明和干净的特点（图3-1-87）。

步骤4：用更深的颜色CG4、CG5依次画深处的阴影，特别要强调衣服接缝或口袋的细节，并确保这样的面积不要过大（图3-1-88）。

图3-1-85 服装效果图马克笔着色步骤1　　图3-1-86 服装效果图马克笔着色步骤2　　图3-1-87 服装效果图马克笔着色步骤3

步骤5：适当考虑些光源色和环境色，增强画面的色彩感（图3-1-89）。

步骤6：用中楷笔勾勒服装的外轮廓线、内部重要的分割线及褶纹，用针管笔、细头马克笔等强调面料肌理、针脚、扣子、装饰线等细节（图3-1-90）。

阴影的位置

假设光源从画纸的斜上方投射到服装人体上，这种光线会在人体的以下位置留下阴影：

（1）脖子背光的一侧。

（2）领窝、领子和驳头的下面。

（3）腋窝、胸部褶痕处。

（4）服装的背光侧。

（5）袖口和裙摆下面。

（6）衣服下摆、裤子脚口底边。

（7）弯臂下面。

（8）服装上所有重要的褶裥处。

图3-1-88
服装效果图马克笔着色步骤4

图3-1-89
服装效果图马克笔着色步骤5

图3-1-90
服装效果图马克笔着色步骤6

第二节 服装局部画法

一、领的画法

衣领是服装的焦点，它们烘托着穿着者的脸型和容颜，因此常常成为设计的重点。绘制领子时，应该注意衣领依附于颈部，领型要适应颈部的圆柱型的特点，并与颈部自然服贴，领子的两侧基本线应沿着肩颈的结构画出。

绘制步骤

步骤1：画出人体头部和颈部造型（图3-2-1）。

步骤2：沿着肩颈结构画出领子两侧的基本线（图3-2-2）。

步骤3：领口线围绕着脖颈，保留一定的空间，领子翻折要画出厚度感（图3-2-3）。

步骤4：绘制领型。注意与胸围线、肩线、袖笼线的关系（图3-2-4）。

步骤5：擦去被衣领掩盖的颈部造型，完善领子细节（图3-2-5）。

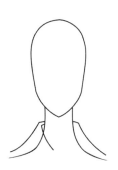
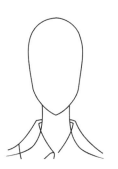
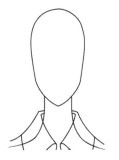
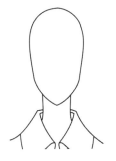

图 3-2-1　　　　　图 3-2-2　　　　　图 3-2-3　　　　　图 3-2-4　　　　　图 3-2-5
领子的绘制步骤 1　领子的绘制步骤 2　领子的绘制步骤 3　领子的绘制步骤 4　领子的绘制步骤 5

不同形态的领子(图3-2-6～图3-2-44)

图 3-2-6 蝴蝶结装饰无领

图 3-2-7 一字领

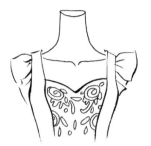

图 3-2-8 钻石型领口

图 3-2-9 V 型领口

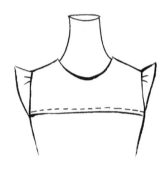

图 3-2-10 圆形领口

图 3-2-11 装饰性 V 型领口

图 3-2-12 装饰性抽褶领口

图 3-2-13 夸张荷叶领

图 3-2-14 经典荷叶领

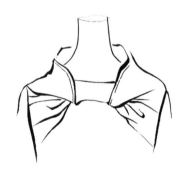

图 3-2-15 创意连立领

图 3-2-16 蝴蝶型扎结领

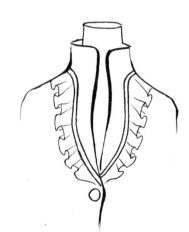

图 3-2-17 中式连立领

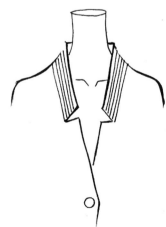

图 3-2-18 变形立领

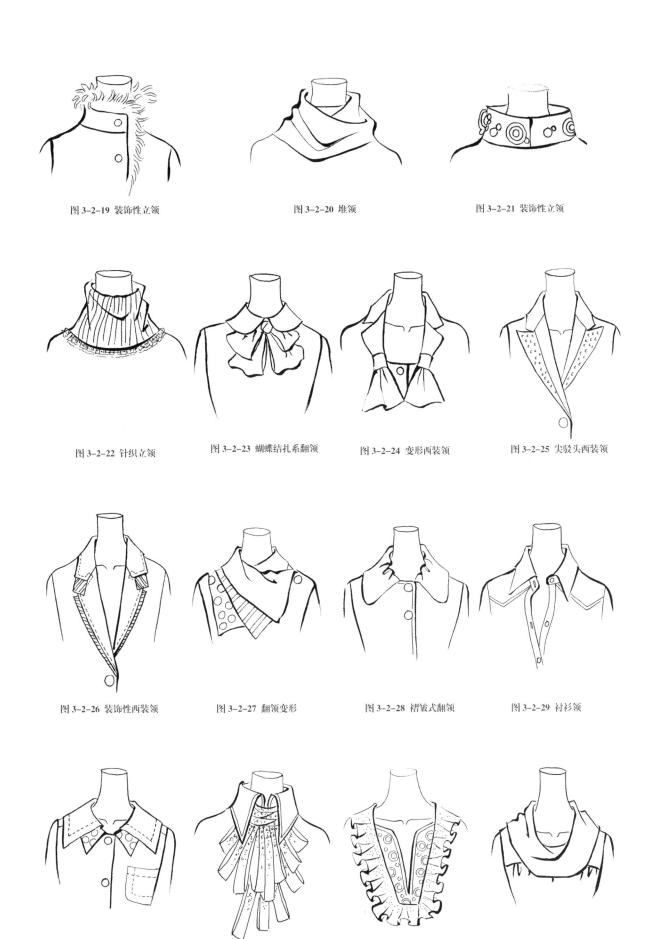

图 3-2-19 装饰性立领　　　　　　　　图 3-2-20 堆领　　　　　　　　图 3-2-21 装饰性立领

图 3-2-22 针织立领　　　图 3-2-23 蝴蝶结扎系翻领　　　图 3-2-24 变形西装领　　　图 3-2-25 尖驳头西装领

图 3-2-26 装饰性西装领　　　图 3-2-27 翻领变形　　　图 3-2-28 褶皱式翻领　　　图 3-2-29 衬衫领

图 3-2-30 翻领变化　　　图 3-2-31 复合式翻领　　　图 3-2-32 复合式荷叶领　　　图 3-2-33 盆领

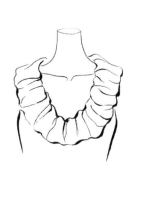

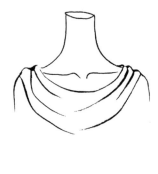

图 3-2-34 褶皱式外翻领　　　图 3-2-35　V 型领口荷叶领　　　图 3-2-36　针织荡领　　　图 3-2-37　变形小西装领

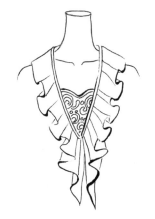

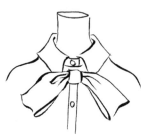

图 3-2-38　复合式荷叶领　　　图 3-2-39　复合式堆领　　　图 3-2-40　变形式堆领　　　图 3-2-41　复合式立领

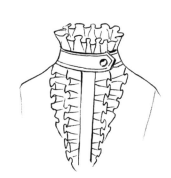

图 3-2-42　复合式翻领　　　图 3-2-43　小西装领　　　图 3-2-44　装饰性西装领

二、袖的画法

衣袖款式造型的变化主要在袖山、袖窿和袖口上。绘制时要注意袖子的形态会随着手臂的变化而变化，手臂弯曲时，在臂肘处会形成褶皱，要使人感觉到袖子里还有手臂的存在。

绘制步骤

　　步骤1：根据款式先画出衣领、衣身造型（图3-2-45）。
　　步骤2：画出袖窿形。袖窿有很多变化，可方可圆，可大可小。绘制时交待好其来龙去脉，并注意表现袖窿与胸廓的立体关系（图3-2-46）。
　　步骤3：画出基本袖形（图3-2-47）。
　　步骤4：刻画细节，表现好衣纹、衣褶及内部分割线、装饰物等（图3-2-48）。

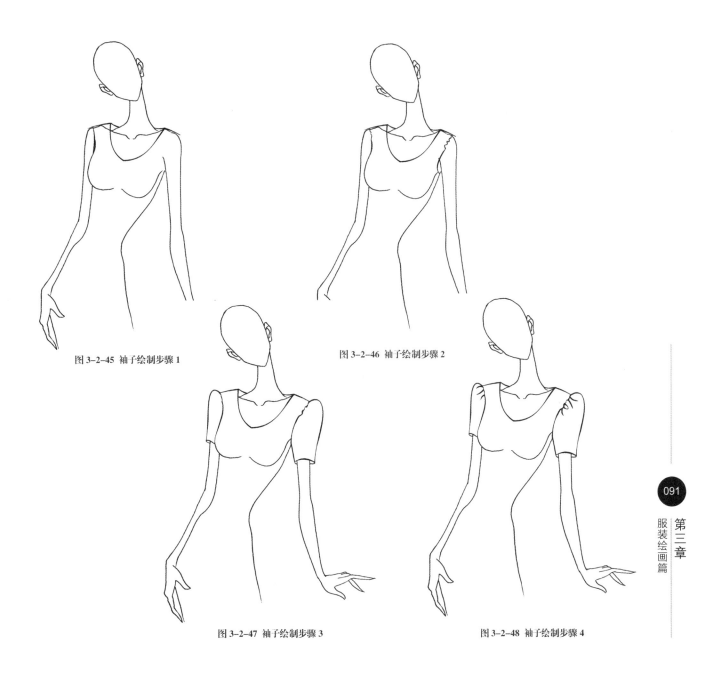

图 3-2-45 袖子绘制步骤 1

图 3-2-46 袖子绘制步骤 2

图 3-2-47 袖子绘制步骤 3

图 3-2-48 袖子绘制步骤 4

第三章 服装绘画篇

不同形态的袖子(图3-2-49～图3-2-80)

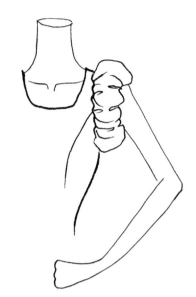
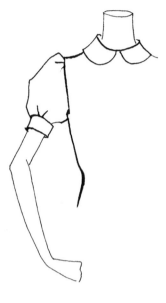

图 3-2-49 传统无袖　　　　　　图 3-2-50 抽褶装饰袖　　　　　　图 3-2-51 泡泡袖

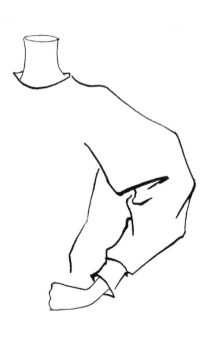

图 3-2-52 变化装袖　　　　　　图 3-2-53 荷叶边装饰袖　　　　　　图 3-2-54 连袖

图 3-2-55 经典装饰袖

图 3-2-56 抽褶折叠装饰袖

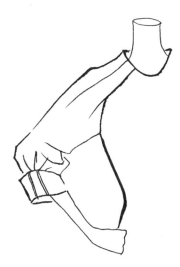

图 3-2-57 插肩袖

图 3-2-58 抽褶式短袖

图 3-2-59 落肩式荷叶袖

图 3-2-60 荷叶边装饰袖

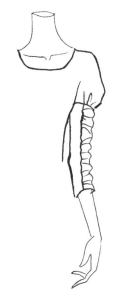

图 3-2-61 变化连袖

图 3-2-62 耸肩叠褶装饰袖

图 3-2-63 灯笼袖

图 3-2-64 变形式插肩袖　　　　图 3-2-65 装饰变化装袖　　　　图 3-2-66 泡泡形长袖

图 3-2-67 罗纹口长袖　　　　图 3-2-68 蝙蝠式长袖　　　　图 3-2-69 变形泡泡袖

图 3-2-70 肩部收褶式中袖　　　　图 3-2-71 创意变形短袖　　　　图 3-2-72 中式落肩长袖

图 3-2-73 夸张造型短袖　　　　图 3-2-74 肩部碎褶宽松中袖　　　　图 3-2-75 廓型短袖

图 3-2-76 毛皮装饰短袖　　　　图 3-2-77 灯笼式袖型　　　　图 3-2-78 创意感长袖

图 3-2-79 花瓣式中袖　　　　图 3-2-80 灯笼式短袖

三、口袋的画法

　　口袋的造型变化多种多样，大致可分为贴袋、插袋、挖袋等。绘制口袋时应明确其所在服装的位置，口袋的大小要与衣襟的比例相协调，并准确表达出口袋的造型特征。

不同形态的口袋（图3-2-81～图3-2-101）

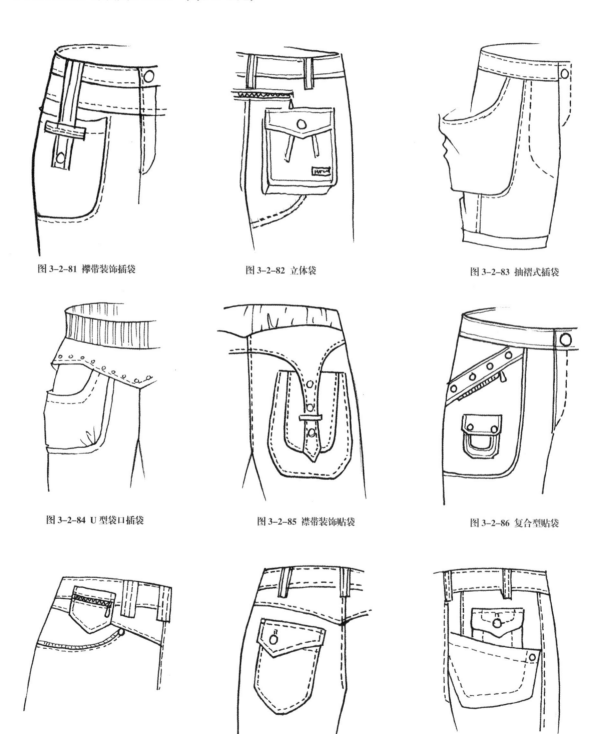

图 3-2-81 襻带装饰插袋　　　　　　　图 3-2-82 立体袋　　　　　　　图 3-2-83 抽褶式插袋

图 3-2-84 U 型袋口插袋　　　　　　图 3-2-85 襻带装饰贴袋　　　　　　图 3-2-86 复合型贴袋

图 3-2-87 装饰拉链贴袋　　　　　　图 3-2-88 带袋盖贴袋　　　　　　图 3-2-89 复合型口袋

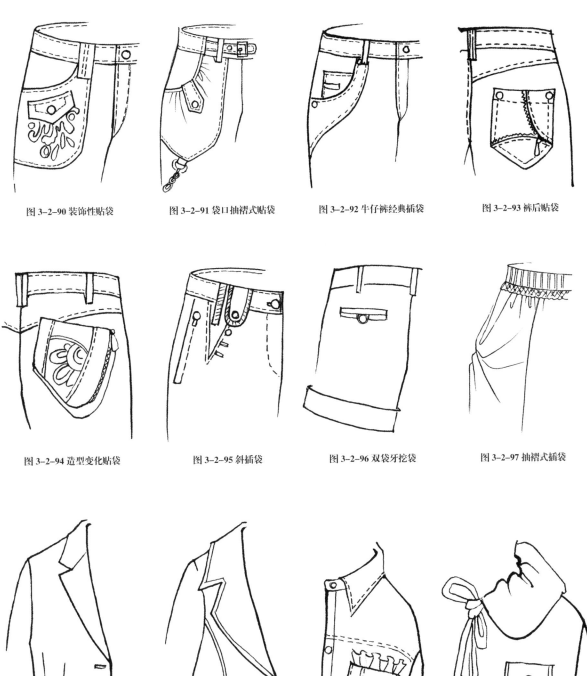

图 3-2-90 装饰性贴袋　　　　图 3-2-91 袋口抽褶式贴袋　　　　图 3-2-92 牛仔裤经典插袋　　　　图 3-2-93 裤后贴袋

图 3-2-94 造型变化贴袋　　　　图 3-2-95 斜插袋　　　　图 3-2-96 双袋牙挖袋　　　　图 3-2-97 抽褶式插袋

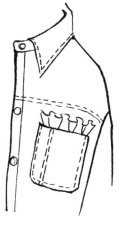

图 3-2-98 带盖式贴袋　　　　图 3-2-99 变化式贴袋　　　　图 3-2-100 装饰花边贴袋　　　　图 3-2-101 盖式贴袋

第三节 服装整体画法

一、上衣

女上衣是女性衣橱里的必备服饰。居家、上班、出游、聚会等各种场合，都会有上衣的出现。绘制女上衣时要抓住款式的特点，并与人体动态相协调。

绘制步骤

步骤1：由脖颈开始，依次画出领线、肩线、袖窿线、衣身侧面轮廓线，再画出领圈、门襟、衣服下摆，与衣身连接。衣服与人体之间要有一定的空间，款式不同产生的离合程度也不尽相同（图3-3-1）。

步骤2：绘制领型，注意与脖颈、衣身相服贴（图3-3-2）。

步骤3：绘制袖子造型，注意袖子与手臂之间也要产生一定的离合（图3-3-3）。

步骤4：擦去被服装覆盖的人体痕迹（图3-3-4）。

步骤5：绘制服装内部细节，如口袋、分割线、装饰线等（图3-3-5）。

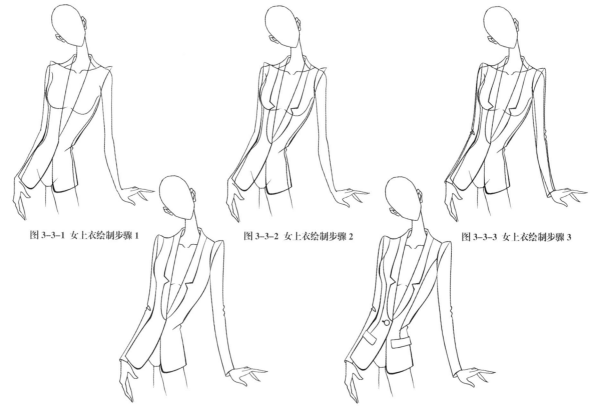

图 3-3-1 女上衣绘制步骤 1　　　　图 3-3-2 女上衣绘制步骤 2　　　　图 3-3-3 女上衣绘制步骤 3

图 3-3-4 女上衣绘制步骤 4　　　　图 3-3-5 女上衣绘制步骤 5

女上装效果图绘制案例

单排扣小西服(图3-3-6 ～图3-3-8)

图 3-3-6 绘制基础人体

图 3-3-7 绘制服装款式结构

图 3-3-8 着色

双排扣不对称式上衣(图3-3-9 ～图3-3-11)

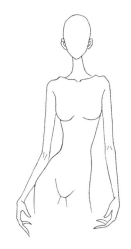
图 3-3-9 绘制基础人体

图 3-3-10 绘制服装款式结构

图 3-3-11 着色

不对称式上衣(图3-3-12 ～图3-3-14)

图 3-3-12 绘制基础人体

图 3-3-13 绘制服装款式结构

图 3-3-14 着色

印花修身上衣(图3-3-15～图3-3-17)

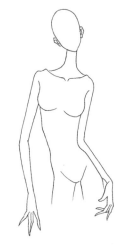

图 3-3-15 绘制基础人体

图 3-3-16 绘制服装款式结构

图 3-3-17 着色

短夹克(图3-3-18～图3-3-20)

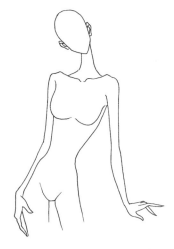

图 3-3-18 绘制基础人体

图 3-3-19 绘制服装款式结构

图 3-3-20 着色

人字纹西服上衣(图3-3-21～图3-3-23)

图 3-3-21 绘制基础人体

图 3-3-22 绘制服装款式结构

图 3-3-23 着色

无领松身短上衣（图3-3-24～图3-3-26）

图 3-3-24 绘制基础人体

图 3-3-25 绘制服装款式结构

图 3-3-26 着色

男上装效果图绘制案例

男休闲西服（图3-3-27～图3-3-29）

图 3-3-27 绘制基础人体

图 3-3-28 绘制服装款式结构

图 3-3-29 着色

男毛衣外套（图3-3-30～图3-3-32）

图 3-3-30 绘制基础人体

图 3-3-31 绘制服装款式结构

图 3-3-32 着色

男休闲夹克(图3-3-33~图3-3-35)

图 3-3-33 绘制基础人体

图 3-3-34 绘制服装款式结构

图 3-3-35 着色

二、裙子

　　裙子穿在人体上更能表现出立体感，因裙腰较窄，一般裙下摆较大，易形成一个锥状形体。初学者容易把底摆画成直的，或者把它画得翘起来，这些表现方法都是错误的。事实上，裙子穿在人体上时，在下摆会形成椭圆状透视造型。即使在透视较大的角度上也是如此。当然，遇到特殊造型的下摆时，比如下摆设计成不规则的造型，这个原则会改变，因此需要具体情况具体分析。绘制裙子时，要注意裙子上的褶皱、褶纹等装饰工艺，还要注意人体活动时产生的衣纹。服装效果图中因人体活动产生的衣纹，一般做简化处理，能表达出动作产生的关键褶纹即可。

裙装效果图绘制案例

多层荷叶裙(图3-3-36~图3-3-38)

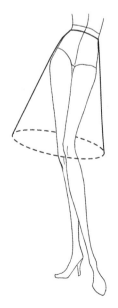

图 3-3-36 绘制人体动势及服装轮廓

图 3-3-37 绘制服装结构

图 3-3-38 着色

散摆斜裙（图3-3-39～图3-3-41）

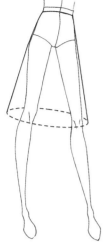

图 3-3-39 绘制人体动势及服装轮廓

图 3-3-40 绘制服装结构

图 3-3-41 着色

短款太阳裙（图3-3-42～图3-3-44）

图 3-3-42 绘制人体动势及服装轮廓

图 3-3-43 绘制服装结构

图 3-3-44 着色

短款褶裙（图3-3-45～图3-3-47）

图 3-3-45 绘制人体动势及服装轮廓

图 3-3-46 绘制服装结构

图 3-3-47 着色

第三章 服装绘画篇

不规则下摆散摆裙(图3-3-48 ～图3-3-50)

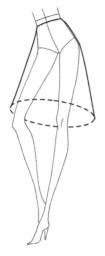

图 3-3-48 绘制人体动势及服装轮廓

图 3-3-49 绘制服装结构

图 3-3-50 着色

短款剑褶裙(图3-3-51 ～图3-3-53)

图 3-3-51 绘制人体动势及服装轮廓

图 3-3-52 绘制服装结构

图 3-3-53 着色

中长褶裙(图3-3-54 ～图3-3-56)

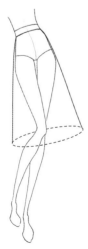

图 3-3-54 绘制人体动势及服装轮廓

图 3-3-55 绘制服装结构

图 3-3-56 着色

服装效果图

从入门到精通 1000 例（第二版）

短款机械褶裙(图3-3-57～图3-3-59)

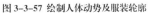

图 3-3-57 绘制人体动势及服装轮廓

图 3-3-58 绘制服装结构

图 3-3-59 着色

三、裤子

　　裤子是腰部以下的主要服饰，是人们居家出行的必备装束。其款式变化繁多，长短宽窄，形态层出不穷，从短裤到分裤再到长裤，从直筒、喇叭、阔脚到铅笔，从高腰、中腰到低腰。裤子因流行而变化，随季节而变迁。绘制裤子时，不管其造型如何变化万千，应先抓住它的廓形特点，掌握好结构特征和比例关系，由整体到局部进行处理。

绘制步骤

　　步骤1：先从腰头画起，腰部随臀部的倾斜而倾斜。

　　步骤2：沿臀围绘制裤子的外轮廓线，除特殊款式外，一般臀部需画得合体。之后沿着腿部站立的姿势向下画至脚口处，注意裤脚与脚背交接处的脚口外形处理。更要注意当腿部抬起时裤子一面与腿部紧贴，另一面离开腿部而产生的衣纹变化。因运动产生的衣纹衣褶宜简洁概括处理。

　　步骤3：刻画细节，如内部分割线、装饰线、口袋、装饰物等。

裤装效果图绘制案例

宽腰铅笔裤(图3-3-60～图3-3-62)

图 3-3-60 绘制腿部基本动势

图 3-3-61 绘制裤装结构

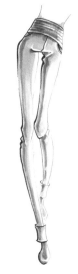

图 3-3-62 着色

短款裙裤（图3-3-63～图3-3-65）

图3-3-63 绘制腿部基本动势

图3-3-64 绘制裤装结构

图3-3-65 着色

散腿七分裤（图3-3-66～图3-3-68）

图3-3-66 绘制腿部基本动势

图3-3-67 绘制裤装结构

图3-3-68 着色

七分萝卜裤（图3-3-69～图3-3-71）

图3-3-69 绘制腿部基本动势

图3-3-70 绘制裤装结构

图3-3-71 着色

收脚口七分裤(图3-3-72~图3-3-74)

图 3-3-72 绘制腿部基本动势

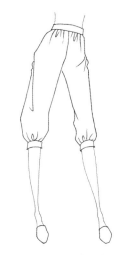

图 3-3-73 绘制裤装结构

图 3-3-74 着色

哈伦裤(图3-3-75~图3-3-77)

图 3-3-75 绘制腿部基本动势

图 3-3-76 绘制裤装结构

图 3-3-77 着色

大裆裤(图3-3-78~图3-3-80)

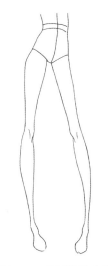

图 3-3-78 绘制腿部基本动势

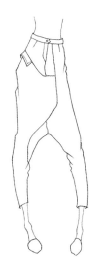

图 3-3-79 绘制裤装结构

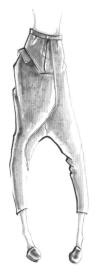

图 3-3-80 着色

针织长裤(图3-3-81～图3-3-83)

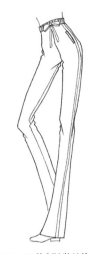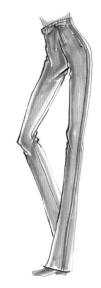

图 3-3-81 绘制腿部基本动势   图 3-3-82 绘制裤装结构   图 3-3-83 着色

高腰哈伦裤(图3-3-84～图3-3-86)

图 3-3-84 绘制腿部基本动势   图 3-3-85 绘制裤装结构   图 3-3-86 着色

四、连衣裙

连衣裙是由衬衫式上衣和裙子连接成的连体服装,是最受东西方女性青睐的服装之一。连衣裙可分为接腰型和连腰型两大类,接腰型包括低腰型、高腰型、标准型;连腰型包括衬衫型、紧身型、公主线型和帐篷型等。绘制时,要根据连衣裙的款式特点、造型风格,选择适于体现其设计亮点的人体动态,同时,有针对性地选择手套、鞋子、提包、首饰等服饰配件,做到整体协调,相得益彰。

绘制步骤

步骤1:以铅笔稿勾勒出人体动态(图3-3-87)。

步骤2:在人体的基础上绘制连衣裙(图3-3-88)。

步骤3:着色表现连衣裙,要注意突出面料质感和款式风格(图3-3-89)。

连衣裙效果图绘制步骤

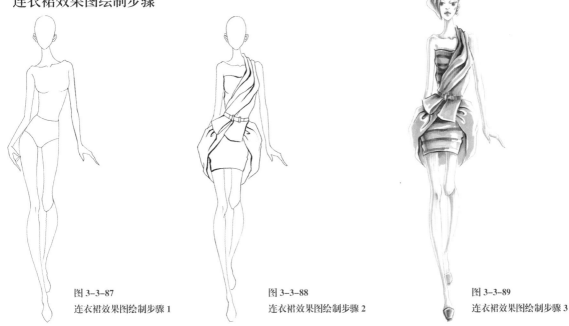

图 3-3-87
连衣裙效果图绘制步骤 1

图 3-3-88
连衣裙效果图绘制步骤 2

图 3-3-89
连衣裙效果图绘制步骤 3

连衣裙效果图赏析(图3-3-90~图3-3-93)

图 3-3-90 雪纺连衣裙

图 3-3-91 抹胸式长款连衣裙

图 3-3-92 礼服式连衣裙

图 3-3-93 印花连衣裙

五、套装

套装指上下身统一设计制作的配套服装。在现代服装设计中，套装除了上下装搭配组合以外，还指内外配套的服装以及整体组合的服装等。套装在色彩搭配和面料组合上虽没有严格界定，但整体造型风格要求基本一致，配色要协调，给人以整齐、和谐、统一的印象。现代职场人多选用这种穿着方式。

绘制步骤

    步骤1：以铅笔稿画出人体动态（图3-3-94）。

    步骤2：以铅笔稿绘制人体着装效果。注意上下装之间、配饰与服装之间的搭配要协调（图3-3-95）。

    步骤3：使用马克笔着色，完成效果图。注意配色要和谐，体现出整体的秩序感，突出套装的特色（图3-3-96）。

图 3-3-94
职场套装绘制步骤 1

图 3-3-95
职场套装绘制步骤 2

图 3-3-96
职场套装绘制步骤 3

职场套装效果图赏析(图3-3-97～图3-3-102)

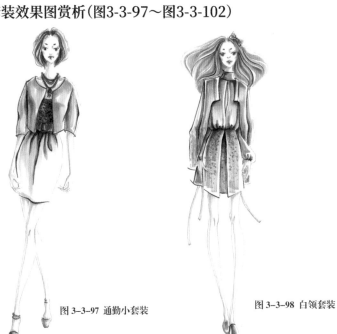

图 3-3-97 通勤小套装

图 3-3-98 白领套装

图 3-3-99 时尚套装

图 3-3-100 个性小套装　　　　　图 3-3-101 通勤小套装　　　　　图 3-3-102 职场套装

六、大衣与风衣

　　风衣是一种防风雨的薄型大衣，又称风雨衣，适合春、秋季外出穿着；大衣多采用较厚的毛呢或羊绒等面料，因其保暖防寒的功能，在冬季被人们广泛穿用。由于风衣和大衣造型灵活多变、款式美观实用、风格健美洒脱，深受不同年龄段的人喜爱，成为春秋两季和冬季的重要服饰之一。

绘制步骤

　　步骤1：以铅笔稿画出人体动态（图3-3-103）。

　　步骤2：在人体的基础上绘制着装效果图。注意抓住大衣的造型特征，线条处理要洒脱、利落（图3-3-104）。

　　步骤3：使用马克笔着色，完成效果图，要注意突出面料的质感和厚度感（图3-3-105）。

图 3-3-103　　　　　　　　　　　图 3-3-104　　　　　　　　　　　图 3-3-105
大衣绘制步骤 1　　　　　　　　　大衣绘制步骤 2　　　　　　　　　大衣绘制步骤 3

大衣与风衣效果图赏析(图3-3-106～图3-3-109)

图 3-3-107 休闲风衣

图 3-3-109 宽摆大衣

图 3-3-106 荷叶摆大衣

图 3-3-108 人字呢大衣

七、男装

男装的款式变化比女装缓慢而微妙，虽然现在男装发展已经很前卫，但不同年龄的男性还是喜欢选择一些经典的服装款式，如西装、衬衫、套头衫、开衫、夹克等。绘制男装时要注意男体的姿势与女体不同，简单、大气、挺拔，无需复杂的动态变化。选择一些粗犷、有力的线条，会给男装效果图增添气势。

绘制步骤

步骤1：以铅笔稿勾画出人体动态（图3-3-110）。

步骤2：以铅笔绘制人体着装效果图。注意抓住男装的款式特征，利用一些粗而有力度的线条，利落地处理款式细节（图3-3-111）。

步骤3：使用马克笔着色，完成效果图，要注意突出面料的质感和款式细节的绘制，色彩搭配的协调性（图3-3-112）。

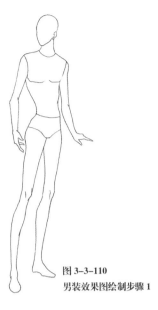

图 3-3-110
男装效果图绘制步骤 1

图 3-3-111
男装效果图绘制步骤 2

图 3-3-112
男装效果图绘制步骤 3

男装效果图赏析(图3-3-113～图3-3-118)

图 3-3-113 休闲套装

图 3-3-114 休闲装扮

图 3-3-115 运动式套装

图 3-3-116 雅皮士装扮

图 3-3-117 雅皮士装扮

图 3-3-118 休闲装扮

第三章
服装绘画篇

八、童装

童装的跨度较大，从2~4岁的幼儿到11~12岁的青少年，身高比例、体形变化很大，应把握好不同年龄段孩子的动态特征和着装特点，将这些元素搜集起来，就会创造出或懵懂可爱或乖巧活泼的孩童形象。

幼儿

2~4岁的幼儿初学会走路，稚嫩可爱，有时害羞，有时顽皮。为他们选用服装，以容易穿着、可清洗、柔软、舒适为准则。比如棉质的T恤和连衣裤、柔软的帽子、袜子、鞋子和温暖的毛衫，成了幼儿服装的主流和必备单品（图3-3-119~图3-3-121）。

图 3-3-120 贴花背带裤

图 3-3-119 拼接式连衣裙

图 3-3-121 可爱小套装

少儿

　　5~9岁的儿童活泼好动，看起来甜美而淘气，喜欢穿着舒适的便于运动的棉质服装。孩子天真、可爱，偏爱带有装饰性的服装。比如镶蕾丝花边的衬衫、系蝴蝶结的连衣裙、卡通图案的毛衫，都深受这个年龄段女孩子的青睐。另外针织、牛仔、灯芯绒等类型的面料也常出现在儿童装中（图3-3-122~图3-3-127）。

图 3-3-122 拼接式连衣裙

图 3-3-123 T恤搭短裤

图 3-3-124 连衣裤

图 3-3-125 拼接式夹克

图 3-3-126 T恤搭背带短裤

图 3-3-127 马甲裤子套装

少年

　　10～12岁的少年身材体格有了一定的变化，男孩子依然喜欢舒适的便于运动的服装，针织帽衫、毛衣、牛仔裤、网球鞋成为喜爱的常服；女孩子开始向少女化发展，喜欢带有蕾丝的外套与蓬蓬裙或A型短裙搭配，系带小皮鞋或短靴也是这个年龄段的女孩常有的装扮（图3-3-128～图3-3-131）。

图 3-3-128 波点背心搭裙裙

图 3-3-129 连衣式蓬蓬裙

图 3-3-130 卫衣外套

图 3-3-131 圆领 T 恤搭牛仔裤

青少年

　　13～18岁的青少年人体比例接近成年人，他们的精神面貌是朝气蓬勃的。男孩子的肩和胸部变宽，动作与表情锐气十足，服装上追求自然舒适的运动风格，针织衫、户外、牛仔裤始终陪伴着这个年龄段的男孩子。女孩子开始喜欢运动风的针织衫、卫衣搭配上短裙或牛仔裤，青春、自由、充满朝气（图3-3-132～3-3-134）。

图 3-3-132
牛仔夹克搭荷叶裙

图 3-3-133
毛衣搭休闲裤

图 3-3-134
衬衫搭短裙

第四节　服饰配件

一、帽子

　　帽子是服装的一个组成部分，它的造型风格应与服装的款式造型相协调。帽子的款式变化很多，大致分为有檐帽和无檐帽。有檐帽有礼帽、遮阳帽、鸭舌帽等；无檐帽有毛线帽、贝雷帽等。帽子除了造型变化外，还可以加些装饰用以丰富帽子的外观效果。

　　绘制时，先画出头颅的结构，在此基础上再绘制帽子的造型。注意帽子的顶部有一部分落于头部，另一部分悬于头上。另外，帽子的结构线、帽缘背面的阴影不能忽视，有帽檐的帽子在脸上会投下弧形的阴影，使人物看起来更年轻，更具神秘感（图3-4-1～图3-4-10）。

图 3-4-1 空心帽

图 3-4-2 呢帽

图 3-4-3 毛线帽

图 3-4-4 渔夫帽

图 3-4-5 鸭舌帽

图 3-4-6 贝雷帽

图 3-4-7 宽缘呢帽

图 3-4-9 棉耳帽

图 3-4-8 双耳棒球帽

图 3-4-10 平顶帽

二、包

包也称手袋，是女性必备随身配件，不仅实用，还能装点服装。包的品种很多，有挎包、腰包、手提包、背包等。作为服饰配件，包的造型、色彩以及材质要与服装的整体风格相协调，成功的包饰常常会化腐朽为神奇，为服装锦上添花（图3-4-11~图3-4-16）。

图 3-4-11 方形时装包

图 3-4-12 单肩包

图 3-4-13 方形手拎包

图 3-4-14 手提袋式时装包

图 3-4-15 斜挎包

图 3-4-16 双肩包

三、鞋子

鞋子的选择要由服装款式的特征及场合来决定，按用途可分为运动的、便装的、宴会的等，按造型可分为高跟、中跟、平底、尖头、圆头，及装饰物点缀等款式。鞋子的绘制见图3-4-17~图3-4-28。

图 3-4-17 平底圆头鞋

图 3-4-18 豹纹系带鞋

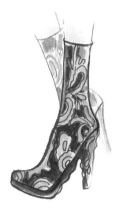

图 3-4-19 雕花中筒靴

图 3-4-20 鱼嘴恨天高鞋

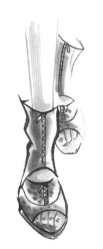

图 3-4-21 拉链露趾短靴

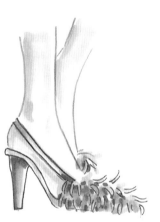

图 3-4-22 毛绒浅口高跟鞋

图 3-4-23 方头系带鞋

图 3-4-24 马丁靴

图 3-4-25 复古异形跟鞋

图 3-4-26 厚底单鞋

图 3-4-27 拼接式短靴

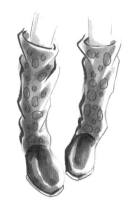

图 3-4-28 拼接式中筒靴

第四章 织物绘画篇

第一节　面料质感表现

一、毛呢面料

根据面料特点，绘画时应该选用粗犷、挺括的线条，配以简洁浑厚的笔触，帅气地处理服装的廓形与结构。由于受厚度的影响，这类面料的褶不易服帖，因而显得大而圆滑，偶尔在关节处形成大而少的褶纹，有利于表现服装的厚重感。此类代表面料有毛呢、粗花呢、羊绒等（图4-1-1）。

图 4-1-1　毛呢面料

图 4-1-2　步骤 1

步骤1：以铅笔起线稿。用粗犷的线条表现毛呢面料的厚度感和重量感，保持画面整洁，擦掉多余的痕迹（图4-1-2）。

步骤2：以较浅的皮肤色马克笔绘制皮肤。注意不必面面俱到，体现出人体结构和体面关系即可（图4-1-3）。

图 4-1-3　步骤 2

图 4-1-4　步骤 3

步骤3：选择深一档的皮肤色强调皮肤的暗部阴影；大面积铺设发色和服装的颜色，运笔的方向要顺应发丝的走向和服装的结构走向；假想光源的投射方向，迎着光源的地方要适度留白（图4-1-4）。

步骤7：刻画细节，调整局
部，用针管笔、彩色勾线笔、中
楷笔勾勒出结构线和轮廓线、线
条要虚实结合，体现好体和面的
关系（图4-1-8）。

步骤5：适当考虑光源色
和环境色，丰富画面色彩效果
（图4-1-6）。

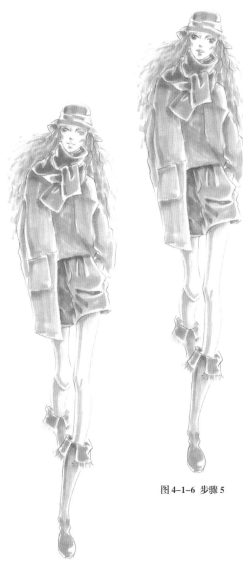

图4-1-6 步骤5

图4-1-8 步骤7

图4-1-5 步骤4

图4-1-7 步骤6

步骤4：选择深一档的发色
绘制头发阴影；深一档的服装颜
色绘制服装的阴影，注意阴影的
颜色要与基础色自然融合，不可
过于突兀（图4-1-5）。

步骤6：刻画五官，绘制眼
影色，唇色。用更深的颜色强调
阴影，特别是衣纹、衣褶和服装
的暗部，强调明暗变化，突出服
装的质感（图4-1-7）。

毛呢面料服装效果图赏析(图4-1-9～图4-1-12)

图 4-1-9 格呢短夹克

图 4-1-10 格呢西服外套

图 4-1-11 毛呢大衣

图 4-1-12 毛呢大衣

二、毛绒面料

　　毛绒面料包括裘皮面料、羽毛面料、绒布面料等。裘皮面料具有蓬松、无硬性转折、体积感强等特点，画裘皮时，先用浅色画上衣服的影调及基本结构，再用较深的颜色逐层加深，适当地运用细的勾线笔灵活、轻松地勾勒出裘皮柔软且毛绒绒的外观效果；羽毛的层次感强，绘画时可参考表现裘皮面料的步骤，所不同的是用较大的笔触，画出羽毛的形状；绒布有发光与不发光之分，具备一定的悬垂性，处理绒布面料的边缘时，不能坚硬，也不能圆滑，而应起毛和虚化处理（图4-1-13）。

图4-1-13　毛绒面料

　　下面以裘皮面料为例，介绍毛绒面料的表现技法。

图4-1-14　步骤1

　　步骤1：以铅笔起线稿，用柔和的线条表现出裘皮外观毛绒绒的质感，保持画面整洁，擦掉多余的痕迹（图4-1-14）。

　　步骤2：选择较浅皮肤色的马克笔绘制皮肤，不必面面俱到，体现出人体结构特征即可（图4-1-15）。

图4-1-15　步骤2

图4-1-16　步骤3

　　步骤3：以深一档皮肤色的马克笔进一步渲染肤色；沿着发丝的梳理方向为头发着色，颜色不必涂死，适当留白，营造轻松感；大面积铺设服装的颜色，注意为裘皮着色时先从暗部开始浅浅的渲染，同时假想光源的投射方向，迎着光源的地方也要适度留白（图4-1-16）。

步骤5：适当考虑光源色和环境色，营造冷暖对比，丰富画面色彩效果（图4-1-18）。

步骤7：刻画细节，调整局部，用中楷笔结合针管笔勾勒裘皮的绒毛，线条要虚实结合、自然流畅，无需面面俱到，详略得当的处理手法可以避免生硬死板（图4-1-20）。

图 4-1-17 步骤 4

图 4-1-18 步骤 5

图 4-1-19 步骤 6

图 4-1-20 步骤 7

步骤4：以深一档发色的马克笔绘制头发阴影；深一档服装颜色的马克笔绘制服装的阴影时，注意阴影的颜色要与基础色自然融合，不可过于突兀；根据裘皮服装的款式特点，以突出服装的结构为原则，由暗部开始大面积铺色（图4-1-17）。

步骤6：刻画五官，绘制眼影色和唇色。用更深的颜色强调阴影，突出绒毛的质感。特别强调衣纹、衣褶和服装的暗部处理，强调明暗对比，突出服装的立体效果（图4-1-19）。

毛绒面料服装效果图赏析（图4-1-21～图4-1-24）

图 4-1-21　貉子皮小披肩

图 4-1-22　貉子毛肩饰

图 4-1-23　蓝狐毛围脖

图 4-1-24　狐狸毛披巾

三、光泽面料

光泽面料拥有华丽的表面、光泽的质感，视觉醒目。以绸缎为例，这种面料柔软、丝滑，并有很好的悬垂性。因为绸缎的光泽比较柔和，所以，在绘制绸缎时从表现其良好的光泽感入手是十分必要的。但注意不要把明暗对比画得太大，以免显得生硬。其代表面料有锦缎、皮革等（图4-1-25）。

图4-1-25　光泽面料

图 4-1-26　步骤 1

步骤1：以铅笔起线稿，用柔和的线条表现出裘皮外观毛绒绒的质感，保持画面整洁，擦掉多余的痕迹（图4-1-26）。

步骤2：选择较浅皮肤色的马克笔绘制皮肤，不必面面俱到，体现出人体结构特征即可（图4-1-27）。

图 4-1-27　步骤 2

图 4-1-28　步骤 3

步骤3：以深一档皮肤色的马克笔进一步渲染肤色；沿着发丝的梳理方向为头发着色，颜色不必涂死，适当留白，营造轻松感；大面积铺设服装的颜色，注意为裘皮着色时先从暗部开始浅浅的渲染，同时假想光源的投射方向，迎着光源的地方也要适度留白（图4-1-28）。

第四章
织物绘画篇

步骤5：以光源色和环境色马克笔着色，营造冷暖对比，丰富画面色彩效果（图4-1-30）。

步骤7：刻画细节，用针管笔、中楷笔勾勒出服装的结构线和轮廓线，线条要虚实结合，体现好体和面的关系（图4-1-32）。

图4-1-29 步骤4

图4-1-30 步骤5

图4-1-31 步骤6

图4-1-32 步骤7

步骤4：以深一档发色的马克笔绘制头发阴影；深一档服装颜色的马克笔绘制服装的阴影时，注意阴影的颜色要与基础色自然融合，不可过于突兀；根据裘皮服装的款式特点，以突出服装的结构为原则，由暗部开始大面积铺色（图4-1-29）。

步骤6：刻画五官，绘制眼影色，唇色。用更深的颜色强调阴影，特别是衣纹、衣褶和服装的暗部处理，进一步强调明暗对比，突出绸缎的质感（图4-1-31）。

光泽面料服装效果图赏析(图4-1-33～图4-1-36)

图 4-1-33 色丁连衣裙

图 4-1-34 锦缎长款礼服

图 4-1-35 拼接式真丝连衣裙

图 4-1-36 塔夫绸灯笼裙

四、轻薄面料

轻薄类面料的特征是飘逸、轻薄，易产生碎褶。服装贴近人体的位置，如在关节处会产生各种放射状细小的褶皱。另外，根据服装的具体款式，如特殊位置的褶皱设计，会形成方向感很强的长短不一的褶皱。表现这类面料时，宜使用细而富有弹性的线条，运笔要轻松、自然，以薄画的形式可以较好地表现面料质感，表现薄料大面积的起伏时，可以使用宽笔头进行大面积排色；表现轻薄类面料的碎褶时，可注重其随意性和生动性，针对其明暗，略加刻画。另外，轻薄类面料在穿着之后，有贴身与飘逸之分，前者要略加表现面料里面人体的形态；后者则可以略微虚化，体现面料的飘逸之感。其代表面料有各种丝绸、雪纺、薄纱等（图4-1-37）。

图4-1-37 轻薄面料

图4-1-38 步骤1　　　　　图4-1-39 步骤2

图4-1-40 步骤3

步骤1：以铅笔起线稿，用纤细的线条表现出薄纱的轻和薄的特点，保留里面的人体，强调薄纱透的特性，保持画面整洁，擦掉多余的痕迹（图4-1-38）。

步骤2：选择较浅皮肤色的马克笔绘制皮肤，薄纱里面的人体皮肤色也要画出来（图4-1-39）。

步骤3：以浅的暖灰色马克笔沿着发丝的梳理方向为头发着色，颜色不必涂死，适当留白，营造轻松感。同时，大面积铺设服装的颜色，注意薄纱面料轻、薄、透的特点，因此铺色时，颜色不要太重，浅浅的，能透出里面的皮肤色。同时假想光源的投射方向，迎着光源的地方也要适度留白（图4-1-40）。

步骤5：适当考虑光源色和环境色，营造冷暖对比，丰富画面色彩效果（图4-1-42）。

步骤7：刻画细节，调整局部，用中楷笔结合针管笔勾勒裘皮的绒毛，线条要虚实结合、自然流畅，无需面面俱到，详略得当的处理手法可以避免生硬死板（图4-1-44）。

图4-1-42 步骤5

图4-1-44 步骤7

图4-1-41 步骤4

图4-1-43 步骤6

步骤4：以深一档皮肤色的马克笔为皮肤绘制阴影；以深一档的灰色马克笔绘制头发阴影；以深一档服装颜色的马克笔绘制服装的阴影时，衣纹、衣褶凹下去的位置颜色要略深，注意阴影的颜色要与服装的颜色自然融合，不可太突兀（图4-1-41）。

步骤6：刻画五官，绘制眼影色和唇色。用更深的颜色强调阴影，突出绒毛的质感。特别强调衣纹、衣褶和服装的暗部处理，强调明暗对比，突出服装的立体效果（图4-1-43）。

轻薄面料服装效果图赏析(图4-1-45～图4-1-48)

图 4-1-45 丝绸长款礼服

图 4-1-46 雪纺长裙

图 4-1-47 蚕丝连衣裙

图 4-1-48 真丝暗花纹连衣裙

五、针织面料

从紧密的棉或莱卡到粗棒针的粗犷肌理，针织物有着别样的性质——柔软富有弹性。细腻的针织面料质地温润柔软，因此多用曲线来表现。穿着时与人体关系密切，随着人体的扭转或运动会形成丰富的褶皱变化，特别是在关节处形成的褶纹，线条应圆润饱满。另外，由于针织面料色泽含蓄、柔和，外观上不会形成明显的高光。各种纱线编制而成的针织面料有较为清晰的发辫状肌理。织法不同，形成的纹理效果丰富多样。绘制时，针对不同花纹和针法，选用不同的勾线笔可以完美表现出针织物的细节图案和针脚。其代表面料有丝绒面料、毛线编结面料等（图4-1-49）。

图4-1-49 针织面料

图4-1-50 步骤1

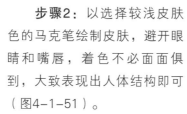

步骤2：以选择较浅皮肤色的马克笔绘制皮肤，避开眼睛和嘴唇，着色不必面面俱到，大致表现出人体结构即可（图4-1-51）。

图4-1-51 步骤2

步骤1：以铅笔起线稿，用柔和的曲线条表现出针织面料柔软服贴的特点，保持画面整洁，擦掉多余的铅笔痕迹（图4-1-50）。

图4-1-52 步骤3

步骤3：以浅棕色沿着发丝的梳理方向为头发着色，每组发缕间适当留白。同时，大面积铺设服装的颜色，运笔的方向要沿着服装的结构走向，不可凌乱。同时假想光源的投射方向，迎着光源的地方要适度留白（图4-1-52）。

步骤5：适当考虑用光源色和环境色，营造冷暖对比，丰富画面色彩效果（图4-1-54）。

步骤7：刻画细节，调整局部，用针管笔、彩色勾线笔、中楷笔勾勒出结构线和轮廓线，针织面料的线条要自然、柔和、虚实相应（图4-1-56）。

图4-1-54 步骤5

图4-1-56 步骤7

图4-1-55 步骤6

图4-1-53 步骤4

步骤4：以深一档的皮肤色马克笔为皮肤绘制阴影；以深一档的棕色马克笔绘制头发阴影；以深一档服装颜色的马克笔绘制服装的阴影时，特别是衣纹、衣褶凹下去的位置颜色要略深，注意阴影的颜色要与服装的颜色自然融合，否则会显得生硬（图4-1-53）。

步骤6：刻画五官，绘制眼影色、唇色。用更深的颜色强调阴影，特别是衣纹衣褶和服装的暗部处理要强调明暗的变化（图4-1-55）。

针织面料服装效果图赏析(图4-1-57 ～图4-1-60)

图 4-1-58 针织长款开衫

图 4-1-57 针织外套

图 4-1-59 针织两件套

图 4-1-60 针织套装

第二节　图案表现

　　图案是通过线和面的机械重复而创造出来的艺术形式，借助艺术的提炼与加工，将色彩、纹样、造型按一定的规律和工艺手段与服装的面料设计结合在一起。图案的表现技法是服装效果图中不能忽视的重要环节。

一、条纹图案

　　条纹是生命力最强的时尚元素之一，它虽简单但个性鲜明，一般包括横条纹、竖条纹和斜纹等。绘制条纹图案时应注意：条纹图案会随着人体的姿态发生纹路的改变，有时直线会变成曲线。竖条纹图案的表现见图4-2-1、横条纹图案的表现见图4-2-2。

图 4-2-1 竖条纹图案

图 4-2-2 横条纹图案

步骤2：绘制条纹的颜色（图4-2-4）。

图 4-2-3 步骤 1

图 4-2-4 步骤 2

图 4-2-5 步骤 3

　　步骤1：以铅笔起线稿，条纹走势要顺应人体动态而变化，随着褶皱的起伏，条纹也要有相应的起伏，不能以简单的竖线条草率处理（图4-2-3）。

　　步骤3：画出其他颜色，注意在暗部加阴影，适当考虑环境色和光源色，增强画面的色彩感染力。最后，刻画细节，以中楷笔勾线完稿（图4-2-5）。

步骤1：以铅笔起稿，画出横条纹的大致形态。注意条纹的间距要相等，条纹不再是简单的横线，走势要与人体外形协调，最后一根条纹要与底摆线平行；手臂弯曲时，条纹应该随之产生相应的弧度（图4-2-6）。

图 4-2-7 步骤 2

步骤2：若底色是白色，可不画底色，直接在暗部加些浅浅的阴影（图4-2-7）。

步骤3：绘制条纹的颜色，之后在暗部进一步加阴影渲染；刻画细节，以中楷笔勾勒轮廓线，完成画稿（图4-2-8）。

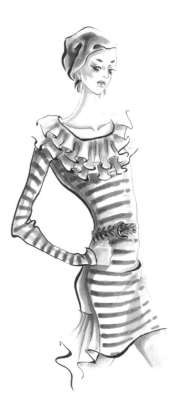

图 4-2-6 步骤 1

图 4-2-8 步骤 3

第四章
织物绘画篇

条纹图案服装效果图赏析(图4-2-9～图4-2-11)

图 4-2-10 竖条纹衬衫裙

图 4-2-9 横条纹吊带背心

图 4-2-11 条纹图案组合

二、格子图案

格子图案经常出现在服装设计中，从春秋装小外套到冬装大衣，从裙装到套装，无论T台还是街头，格子似乎从未被抛离出流行的步履之外（图4-2-12）。

图4-2-12 格子图案

步骤3：画出服装暗部的阴影，深入刻画格子纹样的细节，随着肢体的动作和起伏会有衣纹衣褶的产生，格子纹样不再是简单的横竖交汇，可能某些位置形态发生变化，变成曲线（图4-2-15）。

步骤1：以铅笔起线稿，简单画出格子图形，要考虑到服装中的褶皱因素（图4-2-13）。

图 4-2-14 步骤 2

步骤2：如果底色是浅色，先大面积铺设底色，再画出格子的色调，加重格子交汇处的颜色；如果底色是深色，底色和格子的颜色要分头画（图4-2-14）。

图 4-2-13 步骤 1

图 4-2-15 步骤 3

第四章

织物绘画篇

格子图案服装效果图赏析(图4-2-16～图4-2-20)

图 4-2-17 斜格散摆裙

图 4-2-19 格子衬衫

图 4-2-16 格子连衣裙

图 4-2-18 格子 T 恤

图 4-2-20 格呢背带裙

三、花卉图案

花卉图案是服装常见纹样之一，有具象纹样、抽象纹样、水墨花卉纹样等不同的表现形式，或现代或复古。随着每季的流行趋势发布，花色图案也在不断推陈出新，引领潮流（图4-2-21）。

图 4-2-21 花卉图案

步骤2： 绘制花卉的颜色
（图4-2-23）。

图 4-2-22 步骤 1

图 4-2-23 步骤 2

图 4-2-24 步骤 3

步骤1： 以铅笔起稿，勾勒出花卉的大致造型（图4-2-22）。

步骤3： 画出底色并刻画花卉的造型和细节，同时在服装的暗部加阴影，最后勾线完稿（图4-2-24）。

花卉图案服装效果图赏析(图4-2-25～图4-2-28)

图 4-2-26 花色廓型短外套

图 4-2-28 绣花礼服

图 4-2-25 花色廓型外套

图 4-2-27 印花半身裙

四、波点图案

波点活泼、俏丽，充满激情，风靡于20世纪60年代，至今依然作为经典的服饰图案被广泛运用。波点的大小变化、疏密排列营造出丰富多彩的视觉效果，深受不同年龄女性的喜爱（图4-2-29）。

图 4-2-29 波点图案

步骤1：以铅笔起稿，画出面料上的波点图形（图4-2-30）。

图 4-2-31 步骤 2

步骤2：如果底色是浅色，先大面积铺设底色，再绘制波点的颜色；如果底色是深色，要先为波点着色，再画底色（图4-2-31）。

图 4-2-30 步骤 1

步骤3：在服装的暗部加阴影，最后勾线完稿（图4-2-32）。

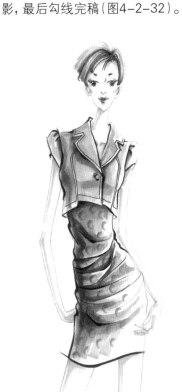

图 4-2-32 步骤 3

第四章
织物绘画篇

波点图案服装效果图赏析(图4-2-33～图4-2-36)

图 4-2-34 波点半身裙

图 4-2-36 波点背心裙

图 4-2-33 波点连衣裙

图 4-2-35 波点短外套

五、人字纹图案

人字纹是从织物的编织纹理中派生出来的，作为面料图案使用。45°人字纹的整齐排列类似鱼骨状，有时也称为鱼骨纹、箭头纹和羽毛纹。人字呢在男装外套、女装大衣、裤装中出现较多，风格粗犷、大气不失优雅（图4-2-37）。

图4-2-37 人字纹纹理

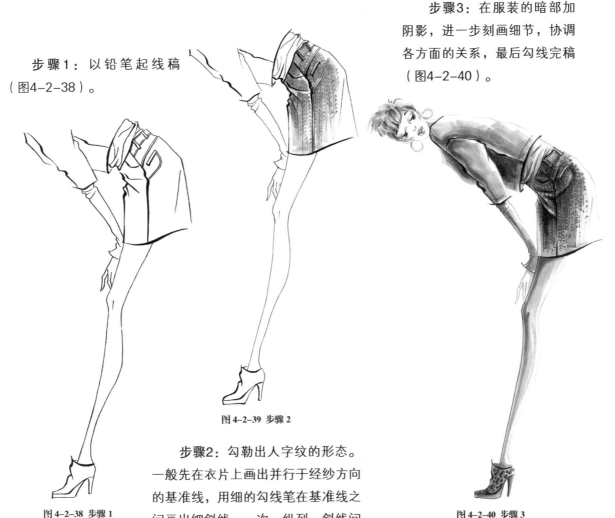

步骤1：以铅笔起线稿（图4-2-38）。

图4-2-38 步骤1

步骤2：勾勒出人字纹的形态。一般先在衣片上画出并行于经纱方向的基准线，用细的勾线笔在基准线之间画出细斜线。一次一纵列，斜线间一排排的交错，形成"人"字形；擦掉基准线，给服装大面积铺色，迎光部分留白，并适当考虑光源色和环境色（图4-2-39）。

图4-2-39 步骤2

步骤3：在服装的暗部加阴影，进一步刻画细节，协调各方面的关系，最后勾线完稿（图4-2-40）。

图4-2-40 步骤3

第四章
织物绘画篇

人字纹服装效果图赏析（图4-2-41～图4-2-43）

图 4-2-42 人字呢外套

图 4-2-41 人字呢外套

图 4-2-43 人字呢半身裙

六、豹纹图案

取材于自然界的豹纹图案，是服饰设计中常用的时尚纹样。运用豹纹图案时，可以借鉴其真实的色彩和形象，也可以主观想象，采取抽象、变形的艺术手法，将具象图形转化为装饰性图形，配色上也可以大胆地进行调整和演化（图4-2-44）。

图4-2-44 豹纹图案

步骤2：绘制豹纹的深色斑点的颜色（图4-2-46）。

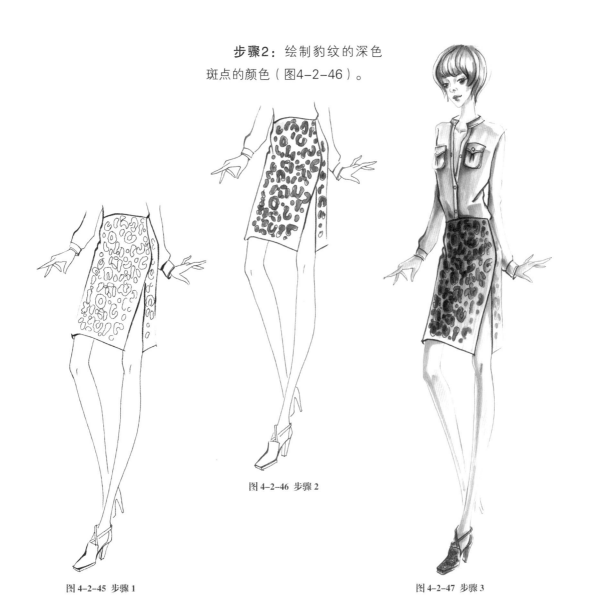

图4-2-45 步骤 1

图4-2-46 步骤 2

图4-2-47 步骤 3

步骤1：以铅笔起稿，画出面料上的波点图形（图4-2-45）。

步骤3：画出底色并刻画豹纹的细节，同时在服装的暗部加阴影，最后勾线完稿（图4-2-47）。

豹纹图案服装效果图赏析(图4-2-48～图4-2-51)

图 4-2-49 豹纹西服式外套

图 4-2-51 豹纹抹胸

图 4-2-48 豹纹套裙

图 4-2-50 豹纹短大衣

148

服装效果图

从入门到精通 1000 例（第二版）

第三节　面料肌理表现

一、缩缝与绗缝肌理的表现

缩缝面料是在缝制时先将弹性面料拉开，再和无弹性面料缝合在一起，两种面料因弹力不同形成自然的缩紧褶皱，从而增加了服装的造型感。绗缝工艺多用于填充面料中，能将填充物固定在服装中，同时，弯曲立体的轮廓线和服装表面缝制的线迹完美地诠释了面料凹凸起伏的效果。比如棉衣、羽绒服大都采用这类工艺。表现这类面料，先要掌握服装的外观特征，由于有填充物放在面料和里布之间，加上绗缝的线迹，使得服装出现凹凸的效应。把这种效果表现出来，羽绒制品的外观效果也就基本显现出来。另外，着色时注意在每个绗缝单元的一角画出阴影，而在它的对角留出圆弧形高光，面料凹凸的感觉会更加明显（图4-3-1）。

图 4-3-1 绗缝肌理

图 4-3-2 步骤 1

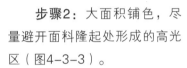

步骤2：大面积铺色，尽量避开面料隆起处形成的高光区（图4-3-3）。

图 4-3-3 步骤 2

图 4-3-4 步骤 3

步骤1：以铅笔起线稿，着重表现这类面料在压线处形成的褶皱和隆起的效果（图4-3-2）。

步骤3：在每个绗缝单元的高光区的对角处绘制阴影，并用勾线笔勾勒轮廓线和绗缝线迹，注意线条要有粗细变化，虚实结合，营造轻松的画面效果（图4-3-4）。

缩缝与绗缝肌理服装效果图赏析（图4-3-5～图4-3-8）

图 4-3-6 羽绒夹克

图 4-3-8 拼接式羽绒裙

图 4-3-7 短款棉衣

图 4-3-5 羽绒马甲

二、条绒肌理的表现

灯芯绒为表面形成纵向绒条的织物，由绒组织和地组织两部分组成，因织物表面呈现形似灯芯状明显隆起的绒条而得名。灯芯绒织物手感弹滑柔软、绒条清晰圆润、质感柔和、均匀而厚实。绘制灯芯绒时，一是要突出其厚实、柔和的质感，二是突出其表面隆起的绒条效果（图4-3-9）。

图 4-3-9 条绒肌理

步骤2： 大面积铺设面料的底色，假想光源方向，受光处适当留白（图4-3-11）。

图 4-3-10 步骤 1

图 4-3-11 步骤 2

图 4-3-12 步骤 3

步骤1： 以铅笔起线稿，大致勾勒出条绒肌理的条状凸起。捕捉条绒面料的精髓在于线条的运用，用有些破损感的不连贯的线条表现条绒，会产生柔和的肌理效果（图4-3-10）。

步骤3： 用勾线笔强调条状凸起，但要注意，无论条绒的条痕有多重，都不需要连贯地表现凸条纹，可增加灵动感。之后，用较深色的马克笔或灰调的彩铅沿条绒背光处加阴影。灯芯绒是吸光的，不反光，因此明暗对比不要过于强烈。最后，刻画细节并用中楷笔勾画轮廓线。最后勾线完稿（图4-3-12）。

条绒肌理服装效果图赏析（图4-3-13～图4-3-16）

图 4-3-13 灯芯绒短裤

图 4-3-14 灯芯绒短裤

图 4-3-15 灯芯绒铅笔裤

图 4-3-16 灯芯绒长裤

三、蕾丝肌理的表现

蕾丝是一种半透明且有花纹的面料，因其精美、细腻、通透，给人以华贵、神秘之感，常在女性的内衣、礼服中出现，有时也会与其他面料组合用于服装款式设计中（图4-3-17）。

图 4-3-17 蕾丝肌理

步骤2： 画出蕾丝下面的底色。事先想好这层底色，如果蕾丝下面是皮肤色，先画好肉色，并用铅笔勾画出蕾丝的花纹，花纹的绘制不必面面俱到，虚实结合会显得生动自然（图4-3-19）。

图 4-3-18 步骤 1

步骤1： 以铅笔起线稿，细致画出蕾丝面料的花纹和网纹（图4-3-18）。

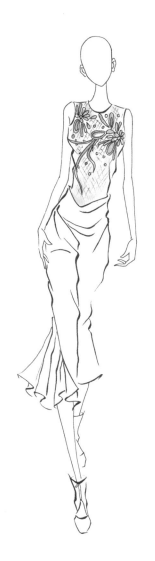

图 4-3-19 步骤 2

图 4-3-20 步骤 3

步骤3： 深入刻画底层网纹，对纹样进行描绘。要想获得立体的效果，就应该在花纹的背光侧加深，描绘出暗部色调。镂空花纹是蕾丝面料的表现重点，用细勾线笔勾勒纹样，深入处理细节，表现蕾丝面料的外观效果（图4-3-20）。

蕾丝肌理服装效果图赏析（图4-3-21～图4-3-23）

图 4-3-21 长袖蕾丝套头衫

图 4-3-22 蕾丝袜

图 4-3-23 蕾丝与纱的搭配

四、透明肌理的表现

透明肌理的面料通常纱支稀松，质地轻薄通透，具有优雅而神秘的艺术效果。例如乔其丝、缎条绢、雪纺或蚕丝布等，都属于这类面料。为了表达面料的透明度，设计师常用线条自然丰满、富于变化的H型或圆台型进行服装的造型设计（图4-3-24）。

图4-3-24 透明肌理

步骤3：再用薄画法，浅浅地铺设透明面料的颜色，简单处理暗部阴影，最后用细的勾线笔勾勒轮廓线和衣纹衣褶线（图4-3-27）。

步骤1：以铅笔起线稿，透明面料里面的服装或人体要清晰地表现出来（图4-3-25）。

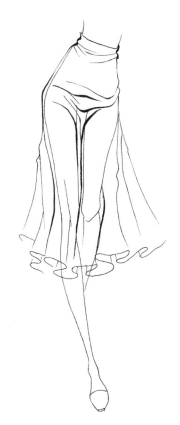

图4-3-26 步骤2

步骤2：画出透明面料底层的皮肤颜色或服装颜色（图4-3-26）。

图4-3-25 步骤1

图4-3-27 步骤3

透明肌理服装效果图赏析(图4-3-28～图4-3-30)

图 4-3-28 巴厘纱高领背心

图 4-3-30 巴厘纱半身裙

图 4-3-29 雪纺散摆裙

五、牛仔肌理的表现

牛仔面料因其具有独特的风格，越来越受到人们的青睐，随着时尚潮流的不断发展，不仅在休闲装中占据主导地位，也成为高级时装设计中的宠儿。辑装饰明线是牛仔显著的特征。此外，牛仔布质地粗糙，绘制时要考虑它的重量感和质感。目前牛仔面料的颜色开发出很多种，不同深浅的靛蓝作为经典色，依然被广泛选用（图4-3-31）。

图4-3-31 牛仔肌理

图4-3-32 步骤1

步骤2：沿着服装结构走向大面积铺色，假想光源方向，迎光处适当留白。着色时，笔触适当避开服装的接缝处和高光区（图4-3-33）。

图4-3-33 步骤2

图4-3-34 步骤3

步骤1：以铅笔起线稿，注意牛仔面料外观粗犷的风格，因此应该用较粗的线条处理，运笔要硬挺、利落。另外，牛仔类服装一般分割较多，贴袋、挖袋等装饰细节也常常出现，这些都要考虑到（图4-3-32）。

步骤3：在服装的暗部、衣纹、衣褶处画阴影，用较粗的勾线笔勾画服装的结构线和轮廓线，用细的勾线笔画出装饰明线。有时，为了表现牛仔的斜纹肌理效果，可结合彩铅画出其细密的纹理（图4-3-34）。

牛仔肌理服装效果图赏析(图4-3-35~图4-3-38)

图 4-3-36 牛仔长裤

图 4-3-38 牛仔长裤

图 4-3-35 牛仔背带裤

图 4-3-37 牛仔马甲

六、皮革肌理的表现

皮革面料最大的特点是具有光滑的外观和强烈的光泽感，绘制时注意表现明暗的对比，在衣纹、衣褶处会产生高光。另外，皮革属于比较厚实的面料，因此，皮革服装产生的衣纹、衣褶硬挺、圆浑，形成的高光略显生硬（图4-3-39）。

图4-3-39 皮革肌理

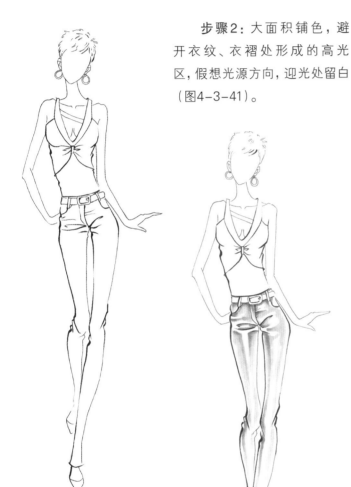

图4-3-40 步骤1

步骤2： 大面积铺色，避开衣纹、衣褶处形成的高光区，假想光源方向，迎光处留白（图4-3-41）。

图4-3-41 步骤2

步骤1： 以铅笔起线稿，根据皮革面料的外观风格，选用干脆、圆浑的线条来表现（图4-3-40）。

图4-3-42 步骤3

步骤3： 在服装的暗部、衣纹、衣褶的背光处加阴影，加强明暗的对比度，突出皮革面料的光泽感。以勾线笔勾勒轮廓线、结构线及衣纹衣褶，线条要干脆、利落、圆浑而果断（图4-3-42）。

皮革肌理服装效果图赏析(图4-3-43～图4-3-46)

图 4-3-43 皮革拼接连衣裙

图 4-3-45 皮革短袖上衣

图 4-3-44 皮革套装

图 4-3-46 皮革雕花背心

七、编织肌理的表现

这类织物大多以毛线、纱线等钩编而成，外观结构纹路清晰，风格粗犷。有些织物上会有孔洞和网眼，这是编织面料的一大特色。由于这类面料比较柔软，穿在人体上会形成浑圆轮廓。有时，不同的编织材料因粗细、质感不同，编出来的服装各具特色，造型迥异。绘制时，可在织纹和图案上下功夫，使其产生立体的效果。常见的织纹有"马尾辫"和"八字花"等（图4-3-47）。

图4-3-47 编织肌理

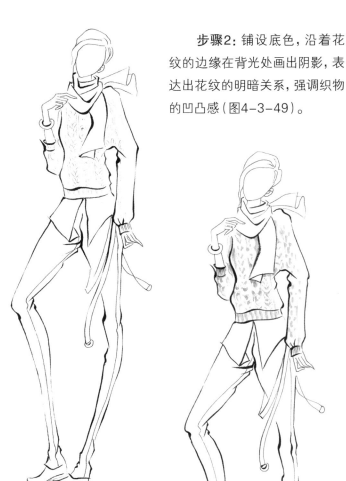

图4-3-48 步骤1

步骤1：以铅笔勾线稿，大致画出编织肌理的花纹（图4-3-48）。

步骤2：铺设底色，沿着花纹的边缘在背光处画出阴影，表达出花纹的明暗关系，强调织物的凹凸感（图4-3-49）。

图4-3-49 步骤2

图4-3-50 步骤3

步骤3：用细的勾线笔勾勒花纹的细节肌理，用粗的勾线笔勾勒服装的外轮廓（图4-3-50）。

编织肌理服装效果图赏析（图4-3-51～图4-3-54）

图 4-3-52 花色编织背心

图 4-3-54 长款毛衣

图 4-3-51 单色编织背心

图 4-3-53 麻花辫高领毛衣

八、羊毛、羊绒肌理的表现

羊毛、羊绒面料属精纺织物，外观精细、平滑，质地柔软，色泽含蓄、沉稳。绘制时要用粗细适中的柔和线条，以突出其挺括、细腻的特点。这类面料经常用于男西装、职业套装、春秋装等（图4-3-55）。

图 4-3-55 羊毛肌理

图 4-3-56 步骤 1

步骤2： 大面积铺色，假想光源的方向，迎光处适当留白（图4-3-57）。

图 4-3-57 步骤 2

步骤1： 以铅笔起线稿，羊毛、羊绒面料有一定的厚度，注意要用较粗的线条简洁、柔和地处理（图4-3-56）。

图 4-3-58 步骤 3

步骤3： 在服装的暗部加阴影，注意阴影的颜色要与服装的基础色自然融合，不可过于突兀。刻画细节，并用较粗的勾线笔勾画轮廓线和结构线（图4-3-58）。

羊毛、羊绒肌理服装效果图赏析(图4-3-59～图4-3-62)

图 4-3-59 羊毛夹克

图 4-3-60 羊绒大衣

图 4-3-61 羊毛套装

图 4-3-62 羊绒套衫

九、装饰肌理的表现

服装面料创意设计时，设计师常常用一些特殊材料，如盘带、羽毛、金属珠片等，在面料上进行镶嵌和补缀，营造一种全新的面料感觉，变幻出神奇、华丽的服饰语言（图4-3-63）。

图 4-3-63 装饰肌理

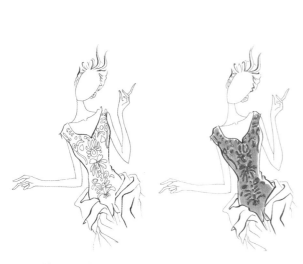

图 4-3-64 步骤 1 　　　　　　图 4-3-65 步骤 2

图 4-3-66 步骤 3

步骤1：以铅笔起线稿，勾勒出面料上装饰物的造型（图4-3-64）。

步骤2：铺设服装的颜色之后绘制装饰物，高光区留白，营造装饰物和底层面料之间的空隙感（图4-3-65）。

步骤3：在服装的暗部添加阴影，特别是装饰物与底层面料之间的阴影不能忽视，突出装饰物浮雕般的立体感（图4-3-66）。

装饰肌理服装效果图赏析（图4-3-67～图4-3-70）

图 4-3-67
金属装饰物

图 4-3-68
仿树叶装饰

图 4-3-69
金属装饰物

图 4-3-70
仿玫瑰花补缀

第四节　其他绘画工具表现的效果图

一、水彩技法

　　水彩颜料色泽鲜艳、明快、透明度高，绘画时利用水与颜料不同比例的调配，色彩与纸张的相互结合而进行，通过对水分的控制和把握，使画面产生干、湿、浓、淡的色彩变化，从而形成清淡雅致、湿润流畅的画面效果。

（一）钢笔淡彩

　　在水彩服装效果图中，由于水彩具有通透、明快、遮盖力弱的特点，着色时按由浅入深、逐层深入的顺序，注意控制好色彩层次与过渡，并把握好色彩的边界和笔触的变化。同时，为了更好地表现画面的灵动与透气感，适当留白成为水彩服装效果图的一大特点。

图 4-4-1 步骤1

图 4-4-2 步骤2

图 4-4-3 步骤3

步骤2： 朱红+赭石+水调制出淡淡的皮肤色，用圆头笔快速画出皮肤色，适当留白（图4-4-2）。

步骤1： 用HB或B型自动铅笔绘制效果图，由于水彩的覆盖力弱，需要用橡皮擦掉铅笔草稿，保留淡淡的痕迹，以免铅笔痕迹透出水彩，破坏画面效果（图4-4-1）。

步骤3： 调制出头发颜色，加入充足的水分，根据发型脉络走向运笔绘制；同理，调制服装所需颜色，用大号的圆头笔快速画出服装的底色，自然留白，留白的形状要符合服装的结构，在迎光部位及褶皱的转折处应强调留白的效果（图4-4-3）。

图 4-4-4 步骤 4   图 4-4-5 步骤 5   图 4-4-6 步骤 6

步骤4：在底色半干时由上向下进行第二次渲染，皮肤色、发色、服装的颜色，逐层渲染叠色，形成层次感（图4-4-4）。

步骤5：进一步渲染发色和皮肤色，在服装的暗部及褶皱部位加重渲染，塑造立体的画面效果（图4-4-5）。

步骤6：详细刻画人物妆色、发色细节，强化服装的暗部，突出明暗对比，增强服装的空间感。最后用美工钢笔勾勒轮廓线，注意虚实结合、线条流畅自然（图4-4-6）。

钢笔淡彩服装效果图赏析(图4-4-7～图4-4-8)

图 4-4-7 钢笔淡彩   图 4-4-8 钢笔淡彩

第四章
织物绘画篇

（二）水彩与彩铅结合技法

彩色铅笔色泽柔和，线条温婉细腻，绘画效果类似铅笔，适合表现写实风格的服装效果图。其常常作为辅助工具与水彩结合使用，借助素描式的排线法表现服装的明暗变化。彩铅具有一定的覆盖性，一般先画浅色，再逐步加深覆盖，形成丰富的层次感。

图4-4-9 步骤1

步骤2：朱红+赭石+水调出皮肤色，注意水分充足，淡彩绘出皮肤色（图4-4-10）。

图4-4-10 步骤2

图4-4-11 步骤3

步骤1：用HB型铅笔或自动铅笔起线稿。之后用橡皮轻轻擦掉多余的铅笔痕迹，以免弄脏画纸（图4-4-9）。

步骤3：调出发色，沿着发型走向着色，保持足够的水分，画出发色的通透感；同理，调制好服装的颜色，由上向下大面积铺设颜色、注意迎光部位，衣纹衣褶的转折处要自然留白（图4-4-11）。

图4-4-12 步骤4 　　　　　　　　图4-4-13 步骤5 　　　　　图4-4-14 步骤6

　　步骤4：在服装的暗部、褶皱处深入渲染，增加阴影效果（图4-4-12）。

　　步骤5：进一步深入渲染（图4-4-13）。

　　步骤6：调出发色，沿着发型走向着色，保持足够的水分，画出发色的通透感；同理，调制好服装的颜色，由上向下大面积铺设颜色、注意迎光部位，衣纹衣褶的转折处要自然留白（图4-4-14）。

水彩与彩铅结合服装效果图赏析（图4-4-15）

图4-4-15 水彩与彩铅组合

二、水粉技法

　　水粉画是用水调和粉质颜料作画的画种，颜料加水稀释后会产生多种绘画效果。采用水粉技法绘制服装效果图，色彩艳丽明快，表现力强。它既具有油画颜料厚重浓郁、可覆盖的特性，又具有水彩颜料清新透明的特点。这样就为水粉画提供了多种表现技法的可能，既能平涂也能渲染，既能写实描绘又能装饰表现，画面效果丰富多变。

（一）水粉技法绘制案例

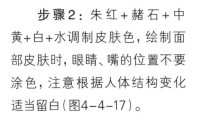

步骤2：朱红＋赭石＋中黄＋白＋水调制皮肤色，绘制面部皮肤时，眼睛、嘴的位置不要涂色，注意根据人体结构变化适当留白（图4-4-17）。

图4-4-16 步骤1

步骤1：以HB型铅笔起线稿，擦掉多余的铅笔痕迹，保持画面整（图4-4-16）。

图4-4-17 步骤2

图4-4-18 步骤3

步骤3：调制好发色，沿着发型梳理方向涂色，发缕间适当留白；大面积铺设服装的颜色，衣服的褶皱处适当留白，裙装迎光部位颜色略浅，褶纹叠加处因有阴影适当加深，初步形成一定的明暗效果（图4-4-18）。

图4-4-19 步骤4   图4-4-20 步骤5   图4-4-21 步骤6

步骤4：在颜色没干时调制较深的同类颜色为头发；服装绘制暗部阴影，注意阴影的颜色要与底色自然衔接，不要太过生硬（图4-4-19）。

步骤5：为皮肤色绘制阴影，要分析好人物面部结构特点，突出人物面部立体感；再次深入刻画服装暗部细节（图4-4-20）。

步骤6：细致刻画人物形象，完成服装的整体调整，突出明暗对比，强化面料质感，最后用细的勾线笔勾线完稿（图4-4-21）。

水粉技法服装效果图赏析(图4-4-22～图4-4-25)

图4-4-22 创意套装   图4-4-23 街头混搭   图4-4-24 风衣   图4-4-25 牛仔夹克

（二）水粉与油画棒组合

油画棒是一种棒形画材，由颜料、油、蜡等特殊混合物制作而成，使用非常简便。油画棒突出的特点是不溶于水性颜料，和水彩、水粉组合使用时，会产生斑驳陆离的绘画效果。服装效果图中常用这样的组合来表现毛衣编织面料粗犷的花纹。

图4-4-26 步骤1

步骤2： 绘制皮肤色，考虑人体结构特点适当留白（图4-4-27）。

图4-4-27 步骤2

图4-4-28 步骤3

步骤1： 以铅笔起线稿，用橡皮擦掉多余的铅笔痕迹，使画面整洁（图4-4-26）。

步骤3： 调制发色，沿着发型结构着色，发缕间适当留白。调制好服装的颜色，给围巾、裙子、鞋子大面积着色，注意在服装的结构转折处留白，增加服装的透气性。用油画棒在毛衣编织花纹的位置绘制花纹（图4-4-28）。

图 4-4-29 步骤 4

图 4-4-30 步骤 5

图 4-4-31 步骤 6

步骤4：为毛衣大面积涂底色，由于油画棒不溶于水粉颜料，在毛衣花纹处形成斑驳的编织纹理（图4-4-29）。

步骤5：强化人物妆色、发色，强化服装暗部的阴影处理，增加明暗对比，突出立体空间感（图4-4-30）。

步骤6：深入刻画细节，勾线完稿（图4-4-31）。

水粉与油画棒结合服装效果图赏析(图4-4-32～图4-4-34)

图 4-4-32 针织麻花纹两件套

图 4-4-33 粗棒针麻花纹毛衣

图 4-4-34 罗纹式针织衫

第四章
织物绘画篇

第五节　常见面料绘制步骤

　　服装以面料制作而成。面料作为服装三要素之一，可以充分诠释服装的风格和特性。在此汇总一百种常见的面料绘制步骤，以供参考。

1.对角凹缝绘制步骤（图4-5-1～图4-5-5）

图 4-5-1 画出斜格纹，注意服装的结构和衣纹，用马克笔简单绘制服装的基础色

图 4-5-2 大面积铺设服装基础色

图 4-5-3 设定好光源方向，在每块缝迹间画出月牙形的阴影

图 4-5-4 根据服装的结构为整体服装绘制阴影

图 4-5-5 深化处理，增强服装的明暗效果及面料质感

2.条纹绘制步骤（图4-5-6～图4-5-9）

图 4-5-6 用马克笔绘制服装基础色

图 4-5-7 绘制阴影

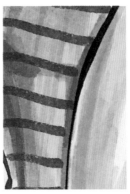

图 4-5-8 根据服装在人体上的穿着效果绘制条纹

图 4-5-9 详细刻画条纹肌理，考虑光源色和环境色，丰富画面效果

3.山猫花纹绘制步骤(图4-5-10～图4-5-14)

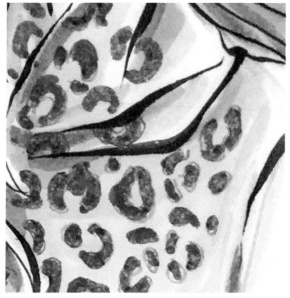

图 4-5-10 选择马克笔 169 号
色为服装铺设基础色

图 4-5-11 大面积铺设服装
基础色

 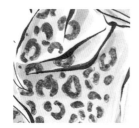

图 4-5-12 抓住山猫花纹的
特征绘制花纹

图 4-5-13 为花纹着色

图 4-5-14 根据整体结构,选择马克笔 31 号色绘制阴影,表达出明暗
关系

4.破洞牛仔绘制步骤 (图4-5-15～图4-5-20)

图 4-5-15 铅笔起线稿,选择马克笔
26 号色绘制皮肤色,选择 25 号色画出
皮肤阴影

图 4-5-16 选择马克笔 182 号色简单铺
设牛仔的基础色

图 4-5-17 根据服装结构,选择 BG3
号色绘制阴影

图 4-5-18 选择 BG5 号色进一步强调
阴影及明暗结构

图 4-5-19 用彩铅描绘出牛仔粗糙的
质感

图 4-5-20 马克笔 164 号色强调光源
色,选择 75 号色强调环境色,丰富画
面效果

5.镂空针织绘制步骤(图4-5-21～图4-5-26)

图4-5-21 铅笔起线稿,中楷笔勾线,擦去铅笔痕迹,选择马克笔26号色为露出皮肤的位置着色,选择25号色绘制皮肤阴影

图4-5-22 绘制服装的基础色

图4-5-23 根据服装结构选择同色系略深的颜色绘制阴影

图4-5-24 进一步润色,强化明暗

图4-5-25 用彩铅表现针织面料的织纹

图4-5-26 用彩色勾线笔处理镂空部分零星的丝线

6.竖条纹绘制步骤(图4-5-27～图4-5-31)

图4-5-27 铅笔起线稿

图4-5-28 绘制服装的基础色

图4-5-29 绘制阴影

图4-5-30 绘制条纹,考虑服装的结构及穿着在人体上的凹凸变化

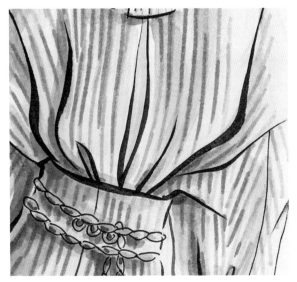

图4-5-31 深化服装的明暗,加入光源色和环境色,丰富画面效果

服装效果图

7.短毛绒拼镶绘制步骤(图4-5-32～图4-5-37)

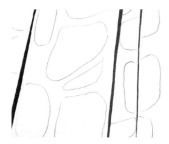

图 4-5-32 铅笔起线稿，中楷笔勾线，擦去铅笔痕迹

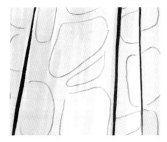

图 4-5-33 铺设基础色

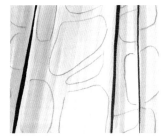

图 4-5-34 衣纹衣褶处绘制阴影

图 4-5-35 设想光源方向，在每块凸起的毛绒面料边缘绘制阴影

图 4-5-36 用 0.05mm 针管笔绘制毛绒面料短短的绒毛

图 4-5-37 强调光源色和环境色，丰富画面效果

8.雪纺钉珠绘制步骤(图4-5-38～图4-5-43)

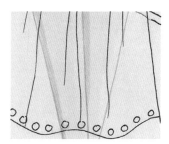

图 4-5-38 铅笔起线稿，用马克笔 26 号色画出透明面料里的皮肤色，用 25 号色绘制皮肤阴影

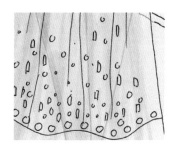

图 4-5-39 画出透明面料上的装饰物

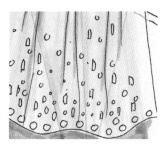

图 4-5-40 用马克笔 CG1 号色薄薄地画出透明面料的基础色，在衣纹处适当地强调阴影

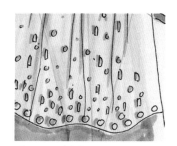

图 4-5-41 绘制装饰物的颜色

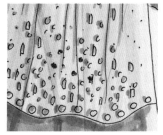

图 4-5-42 用马克笔 CG3 号色绘制装饰物在面料上形成的阴影，突出装饰物的立体感

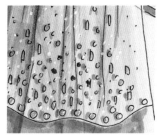

图 4-5-43 进一步深化处理，用白色荧光笔刻画装饰物细节，丰富质感

9.缩缝面料绘制步骤(图4-5-44~图4-5-48)

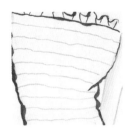

图 4-5-44 铅笔起稿,中楷笔勾线

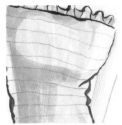

图 4-5-45 用马克笔 182 号色铺设基础色,选择稍深一层的同类色 185 号色画阴影

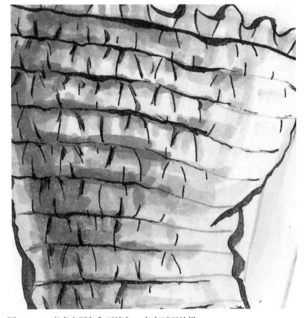

图 4-5-48 考虑光源色和环境色,丰富画面效果

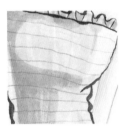

图 4-5-46 勾线笔画出缩缝面料细碎的褶皱

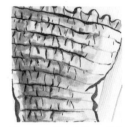

图 4-5-47 用马克笔 183 号进一步强调明暗,刻画细节

10.透明粗节纱绘制步骤(图4-5-49~图4-5-53)

图 4-5-49 铅笔起稿,中楷笔结合 0.05mm 针管笔勾线,为透明面料内的皮肤绘制皮肤色

图 4-5-50 选择浅浅的颜色绘制面料的基础色

图 4-5-53 选择白色荧光笔刻画细节

图 4-5-51 画出阴影,考虑光源色和环境色

图 4-5-52 用 0.05mm 的针管笔画出粗节纱的粗糙纹理

11.猞猁狲皮绘制步骤(图4-5-54～图4-5-59)

图4-5-54 铅笔起线稿,中楷笔勾线

图4-5-55 用马克笔 CM1 号色简单铺设基础色

图4-5-56 用马克笔 CM3 号色沿着服装结构绘制阴影

图4-5-57 选择 CM5 号色轻松地点上斑点,表现出毛皮面料的特点

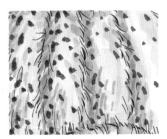

图4-5-58 以快速、尖细的线条表达出毛皮面料的外观特点

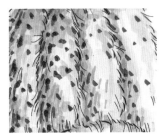

图4-5-59 适当考虑光源色和环境色,丰富画面效果

12.斜条纹绘制步骤(图图4-5-60～图4-5-65)

图4-5-60 用马克笔 182 号色绘制服装基础色

图4-5-61 根据服装结构,用 185 号色绘制阴影

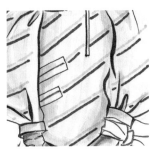

图4-5-62 根据服装穿在人体上的效果,画出斜纹纹样

图4-5-63 进一步刻画斜纹

图4-5-64 选择 67 号色深入刻画服装阴影

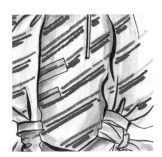

图4-5-65 考虑光源色和环境色,丰富画面效果

13.平面绗缝绘制步骤(图4-5-66～图4-5-71)

图4-5-66 用马克笔铺设基础色

图4-5-67 根据服装结构,画出菱形格

图4-5-68 选择深一层的同类色绘制阴影

图4-5-69 设定光源的方向,在每个菱形格内背光的一角画出阴影

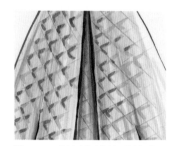

图4-5-70 深入刻画绗缝面料每个小格的阴影

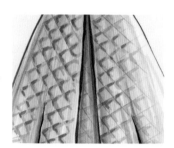

图4-5-71 详细刻画服装细节,加强面料质感表达

14.曲线凹缝绘制步骤(图4-5-72～图4-5-77)

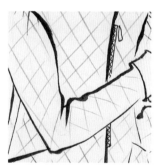

图4-5-72 铅笔起稿,中楷笔勾线,画出交错的斜线,形成菱形格

图4-5-73 沿着菱形格框架画出柔和的曲线

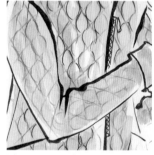

图4-5-74 用马克笔铺设基础色

图4-5-75 假想光源方向,根据服装结构及人体动态绘制阴影

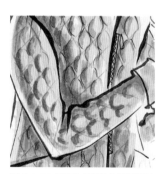

图4-5-76 在每个曲线格内绘制阴影

图4-5-77 进一步深入刻画细节,增强面料质感表现

服装效果图

从入门到精通 1000 例 (第二版)

15.粗线编织绘制步骤(图4-5-78～图4-5-82)

图 4-5-78 铅笔起稿,中楷笔勾线,利用线条的粗细虚实变化画出编织面料的粗犷感

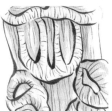

图 4-5-79 根据服装结构及面料编织纹理,选择马克笔 CM2 号色铺设基础色

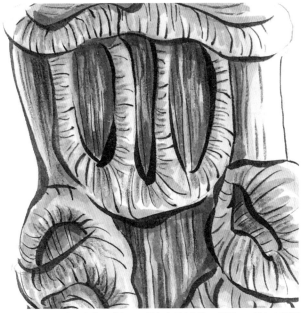

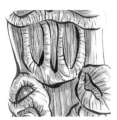

图 4-5-80 选择 CM4 号色画出阴影

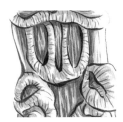

图 4-5-81 选择再深一层的 CM5 号色继续绘制阴影

图 4-5-82 假想光源方向,选择 164 号色表现光源色,选择 182 号色表现环境色

16.三宅一生褶皱绘制步骤(图4-5-83～图4-5-88)

图 4-5-83 铅笔起稿,中楷笔结合 0.05mm 针管笔勾线,注意线条的粗细虚实变化,擦去铅笔痕迹

图 4-5-84 用马克笔简单铺设基础色

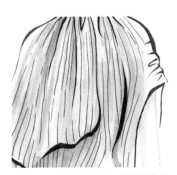

图 4-5-85 假想光源方向,根据服装结构和面料褶皱特点绘制阴影

图 4-5-86 选择更深一层的同类色强化面料肌理

图 4-5-87 绘制光源色和环境色,丰富画面色彩效果

图 4-5-88 深入刻画细节

17.美洲驼毛绘制步骤（图4-5-89～图4-5-94）

图 4-5-89 用中楷笔画出美洲驼毛长且软的特点，用马克笔简单铺设基础色

图 4-5-90 选择同类色深一层的颜色绘制阴影

图 4-5-91 进一步刻画绒毛质感

图 4-5-92 深入刻画服装的明暗效果

图 4-5-93 考虑光源色和环境色

图 4-5-94 用白色荧光笔强调面料质感

18.毛织与梭织组合面料（图4-5-95～图4-5-99）

图 4-5-95 铅笔起稿，再用中楷笔勾勒出粗细变化的线条，用马克笔简单铺设基础色

图 4-5-96 根据服装结构，选择同类较深的颜色绘制阴影

图 4-5-97 选择更深的同类色进一步强调明暗

图 4-5-98 继续详细刻画

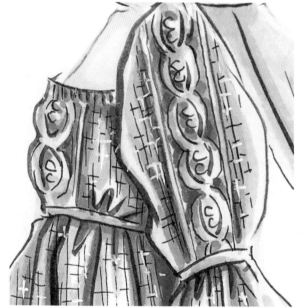

图 4-5-99 用 0.05mm 针管笔及白色荧光笔刻画梭织面料纹理

19.短毛绒格子面料绘制步骤（图4-5-100～图4-5-105）

图 4-5-100 铅笔起稿，中楷笔勾线，擦去铅笔痕迹。用马克笔铺设基础色，简单绘制阴影

图 4-5-101 用马克笔细头一端画出格子纹样

图 4-5-102 用颤抖的笔触画出曲线条的格子

 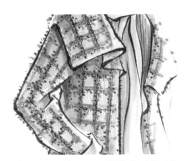 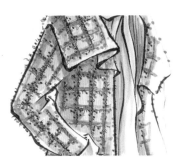

图 4-5-103 选择较深一层的同类色，刻画短毛绒面料的质感

图 4-5-104 用 0.05mm 针管笔画出面料上短促纤细的绒毛

图 4-5-105 用白色荧光笔刻画细节

20.钉彩色珠片面料绘制步骤（图4-5-106～图4-5-111）

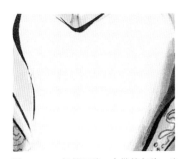  

图 4-5-106 铅笔起稿，中楷笔勾线，注意线条的粗细变化，擦去铅笔痕迹，注意画面整洁

图 4-5-107 用马克笔铺设基础色，根据服装结构及在人体上的穿着效果画出阴影

图 4-5-108 根据服装穿着效果画出珠片

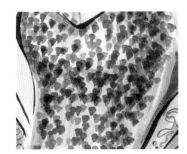 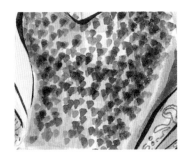 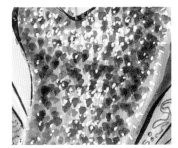

图 4-5-109 绘制其他颜色的珠片

图 4-5-110 加入光源色和环境色

图 4-5-111 用白色荧光笔提取高光

21.粗棒针编织绘制步骤（图4-5-112～图4-5-116）

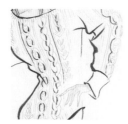

图 4-5-112 铅笔起线稿，用中楷笔的粗细变化表现毛线的编织纹理

图 4-5-113 用油画棒画出编织纹理

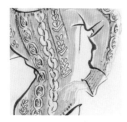

图 4-5-114 用马克笔铺设基础色

图 4-5-115 选择同类较深的颜色绘制阴影

图 4-5-116 进一步详细刻画

22.波尔卡点绘制步骤（图4-5-117～图4-5-122）

图 4-5-117 铅笔起线稿，中楷笔勾线

图 4-5-118 画出波点

图 4-5-119 用马克笔铺设基础色

图 4-5-120 根据服装结构及在身体上的穿着效果绘制阴影

图 4-5-121 画出波点的颜色

图 4-5-122 加入光源色和环境色，丰富画面效果

23.罗纹面料绘制步骤（图4-5-123～图4-5-127）

图 4-5-123 铅笔起稿，中楷笔勾线，用马克笔 169 号色绘制基础色

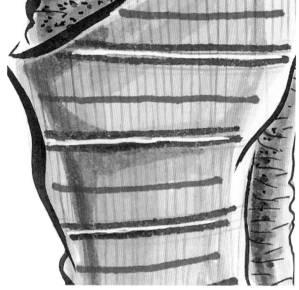

图 4-5-124 用马克笔 104 号色画出阴影

图 4-5-125 用马克笔尖头一端画出横条纹

图 4-5-126 用彩铅绘制罗纹的织纹

图 4-5-127 考虑光源色和环境色，丰富画面效果

24.薄纱钉珠绘制步骤（图4-5-128～图4-5-133）

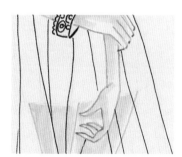

图 4-5-128 铅笔起线稿，中楷笔勾线，擦去铅笔痕迹，用马克笔 26 号色为面料中的皮肤色着色，用 25 号色绘制皮肤阴影

图 4-5-129 用马克笔 BG1 号色薄薄地铺设一层基础色，在衣纹衣褶处适当加些阴影，但颜色不要太重

图 4-5-130 用马克笔 BG3 号色进一步着色渲染

图 4-5-131 用 0.05mm 针管笔画出薄纱面料的纹理。

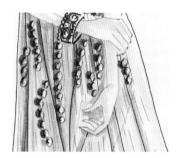

图 4-5-132 用针管笔画出珠片造型，假想光源方向，在背光面用马克笔 CG4 号色画出珠片在面料上投下的阴影

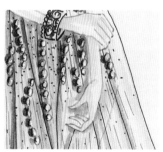

图 4-5-133 考虑光源色和环境色，丰富画面效果

25.圈圈呢绘制步骤（图4-5-134～图4-5-139）

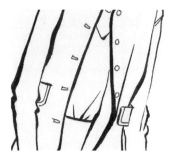

图4-5-134 铅笔起线稿，中楷笔勾线，注意线条的粗细变化

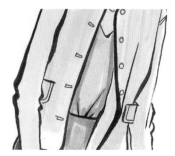

图4-5-135 用马克笔绘制基础色

图4-5-136 选择同色系略深的颜色画出阴影

图4-5-137 用马克笔尖头一端画出圈圈呢面料纹理

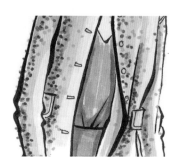

图4-5-138 选择其他颜色进一步绘制纹理

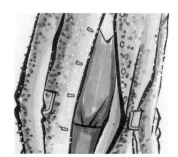

图4-5-139 用白色荧光笔刻画细节

26.仿动物羽毛绘制步骤（图4-5-140～图4-5-144）

图4-5-140 铅笔起稿，中楷笔结合针管笔勾线，表达出羽毛轻柔的质感，擦去铅笔痕迹，保持画面整洁

图4-5-141 用马克笔大面积铺设基础色

图4-5-142 为里层服装加阴影

图4-5-143 选择同色系略深的颜色为羽毛加阴影

图4-5-144 进一步刻画细节，突出明暗

27.流苏绘制步骤（图4-5-145～图4-5-150）

图 4-5-145 铅笔起线稿

图 4-5-146 用马克笔铺设基础色

图 4-5-147 用 0.05mm 针管笔勾画流苏

图 4-5-148 选择较深的同类颜色绘制阴影

图 4-5-149 进一步深化细节

图 4-5-150 考虑光源色和环境色，丰富画面效果

28.竖向纹理面料绘制步骤（图4-5-151～图4-5-156）

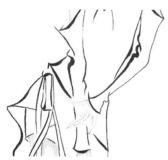

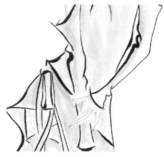

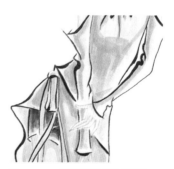

图 4-5-151 铅笔起稿，中楷笔勾线，注意运用线条的粗细虚实变化表现面料质感

图 4-5-152 大面积铺设基础色

图 4-5-153 根据服装结构绘制阴影

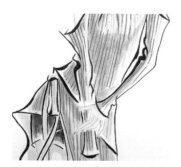

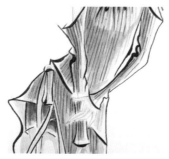

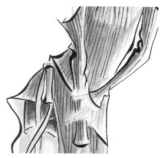

图 4-5-154 选择同色系略深的彩色勾线笔画出面料纹理，不要面面俱到，注意疏密虚实

图 4-5-155 进一步强调明暗

图 4-5-156 考虑光源色和环境色，丰富画面色彩效果

29.宽竖条纹绘制步骤（图4-5-157～图4-5-161）

图4-5-157 铅笔起稿，中楷笔勾线，注意线条的粗细虚实变化，擦去铅笔痕迹

图4-5-158 用马克笔绘制基础色

图4-5-159 根据服装在人体上的穿着效果绘制阴影，阴影的颜色选择同色系略深的颜色

图4-5-160 用马克笔绘制粗条纹，注意考虑服装随着人体上凹凸起伏产生的线条变化

图4-5-161 进一步加强阴影，刻画细节

30.羽绒面料绘制步骤（图4-5-162～图4-5-166）

图4-5-162 铅笔起稿，中楷笔勾线，注意线条的粗细虚实变化

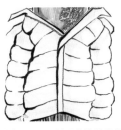

图4-5-163 用马克笔铺设基础色，迎光处适当留白

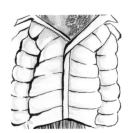

图4-5-164 假想光源方向，选择同类略深的颜色在背光凹陷处加阴影

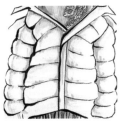

图4-5-165 进一步选择同类略深色进行阴影处理

图4-5-166 考虑光源色和环境色，渲染细节，突出面料的凹凸起伏

31.塔夫绸绘制步骤（图4-5-167～图4-5-170）

图4-5-167 铅笔起稿，中楷笔勾线，突出面料硬挺风格

图4-5-168 用马克笔铺设基础色，迎光处适当留白

图4-5-169 选择较深的同类色在衣纹衣褶及背光处画出阴影

图4-5-170 用更深的颜色继续绘制阴影，增强明暗对比，突出面料的光泽感，同时画出光源色和环境色

32.钉花面料绘制步骤（图4-5-171～图4-5-174）

图4-5-171 铅笔起稿，中楷笔勾线，注意线条粗细虚实变化

图4-5-172 绘制服装的颜色

图4-5-173 假想光源方向，画出花朵在服装上留下的阴影，同时绘制花蕊的颜色

图4-5-174 绘制花朵的颜色，详细刻画服装细节

33.双层面料绘制步骤（图4-5-175～图4-5-178）

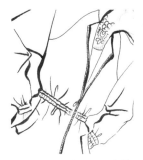

图4-5-175 铅笔起稿，中楷笔勾线，擦去铅笔痕迹，保持画面整洁

图4-5-176 绘制里层服装的基础色

图4-5-177 结合服装特点绘制阴影，用0.05mm针管笔绘制外层的蕾丝

图4-5-178 用金色荧光笔详细刻画蕾丝

34.粗线编织绘制步骤（图4-5-179～图4-5-183）

  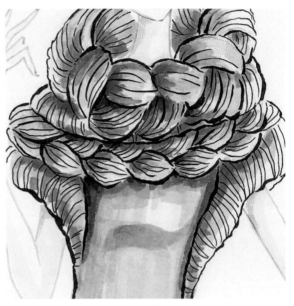

图 4-5-179 铅笔起稿，中楷笔勾线，突出毛线粗犷的质感

图 4-5-180 用马克笔铺设基础色

图 4-5-181 选择略深的同类色加以渲染

图 4-5-182 选择更深的同类色继续强调阴影，突出面料质感

图 4-5-183 进一步刻画细节，突出明暗

35.粗纺格呢绘制步骤（图4-5-184～图4-5-188）

图 4-5-184 铅笔起稿，中楷笔勾线，用较粗的线条表现呢料的厚度感，用马克笔铺设基础色

图 4-5-185 选择较深的同类色绘制阴影

图 4-5-186 彩色勾线笔画出格子纹理

图 4-5-187 用 0.05mm 的针管笔进一步刻画格呢纹理

图 4-5-188 用白色荧光笔刻画细节，突出面料质感

36.粗条绒绘制步骤(图4-5-189~图4-5-193)

图4-5-189 铅笔起稿,中楷
笔勾线,用马克笔铺设基础色

图4-5-190 假想光源方向,
选择同类略深一层的颜色绘
制阴影

图4-5-191 用马克笔细头一
端画出粗条绒纹理,不要面
面俱到,注意详略得当,虚
实结合

图4-5-192 深入刻画条绒,
突出明暗

图4-5-193 考虑光源色和环境色,丰富画面

37.斑马纹绘制步骤 (图4-5-194~图4-5-199)

图4-5-194 铅笔起稿,中楷笔勾线,
擦去铅笔痕迹,保持画面整洁,用马
克笔铺设基础色

选图4-5-195 择同类略深的颜色画出
阴影

图4-5-196 用马克笔细头一端画出
斑马花纹

图4-5-197 选择同色系较深的颜色
继续刻画斑马纹

图4-5-198 深入刻画斑马纹

图4-5-199 加入光源色和环境色,
丰富画面效果

38.粗节纱绘制步骤（图4-5-200～图4-5-204）

图 4-5-200 铅笔起稿，中楷笔勾线，注意线条粗细变化

图 4-5-201 用马克笔铺设基础色，在衣纹衣褶及迎光处适当留白

图 4-5-202 选择同类较深的颜色绘制阴影

图 4-5-203 用彩色勾线笔画出粗节纱的纹理

图 4-5-204 考虑光源色和环境色，冷暖对比，丰富画面效果

39.缀有装饰物的玻璃纱绘制步骤（图4-5-205～图4-5-210）

图 4-5-205 铅笔起稿，用 0.05mm 针管笔勾线，擦去铅笔痕迹，保持画面整洁，选择马克笔 26 号色画出面料中的皮肤色，25 号色绘制皮肤阴影

图 4-5-206 选择 BG1 号色轻轻画出面料基础色，选择 182 号色画出装饰物颜色

图 4-5-207 选择 67 号色继续绘制装饰物

图 4-5-208 用 183 号色强调装饰物细节

图 4-5-209 用 58 号色继续绘制装饰物

图 4-5-210 加入光源色及环境色，画出装饰物在玻璃纱面料上留下的阴影

40.短毛绒绘制步骤(图4-5-211～图4-5-216)

图4-5-211 铅笔起稿,中楷笔结合0.05mm针管笔勾线,画出面料上细小的绒毛,擦去铅笔痕迹,保持画面整洁

图4-5-212 用马克笔铺设基础色

图4-5-213 假想光源方向,绘制阴影

图4-5-214 选择更深一层的颜色绘制阴影

图4-5-215 进一步深入刻画

图4-5-216 考虑光源色和环境色,丰富画面

41.狐狸毛绘制步骤(图4-5-217～图4-5-222)

图4-5-217 铅笔起稿,中楷笔勾线,突出狐狸毛柔软的质感,擦去铅笔痕迹

图4-5-218 结合狐狸毛的走向绘制基础色,适当留白

图4-5-219 选择同类略深颜色绘制狐狸毛

图4-5-220 选择更深的同类色绘制阴影

图4-5-221 进一步深入刻画,突出面料质感

考图4-5-222 虑光源色和环境色,丰富画面

42.鳄鱼皮绘制步骤(图4-5-223～图4-5-227)

图 4-5-223 铅笔起稿,中楷笔勾线,注意线条的粗细变化,用较硬的线条表现面料的挺度

图 4-5-224 用马克笔铺设基础色

图 4-5-225 用铅笔勾画出鳄鱼皮的纹理

图 4-5-226 为鳄鱼皮花纹着色

图 4-5-227 增加阴影,深入刻画

43.表面起簇针织绘制步骤(图4-5-228～图4-5-233)

图 4-5-228 铅笔起稿,中楷笔勾线,突出狐狸毛柔软的质感,擦去铅笔痕迹

图 4-5-229 结合狐狸毛的走向绘制基础色,适当留白

图 4-5-230 选择同类略深颜色绘制狐狸毛。

图 4-5-231 选择更深的同类色绘制阴影。

图 4-5-232 进一步深入刻画,突出面料质感。

图 4-5-233 考虑光源色和环境色,丰富画面。

44.起皱雪纺绘制步骤(图4-5-234～图4-5-238)

图 4-5-234 铅笔起稿，用中楷笔及 0.05mm 针管笔勾线，擦去铅笔痕迹

图 4-5-235 结合服装结构，绘制基础色，适当留白

图 4-5-236 选择略深的同类色绘制阴影

图 4-5-237 加入环境色，丰富画面色彩

图 4-5-238 用彩色勾线笔绘制面料的纹理，加入光源色

45.填充绗缝绘制步骤(图4-5-239～图4-5-244)

图 4-5-239 铅笔起稿，中楷笔勾线，擦去铅笔痕迹，保持画面整洁

图 4-5-240 用马克笔铺设基础色

图 4-5-241 绘制阴影

图 4-5-242 用铅笔画出绗缝格子

图 4-5-243 假想光源方向，背光处绘制每个格子的阴影

图 4-5-244 加深阴影，突出填充物绗缝的特点

195

第四章

织物绘画篇

46.蕾丝绘制步骤(图4-5-245~图4-5-249)

图4-5-245 铅笔起稿,中楷笔勾线,擦去铅笔痕迹,保持画面整洁

图4-5-246 绘制里层服装颜色

图4-5-247 绘制服装阴影

图4-5-248 铺设外层蕾丝面料的基础色

图4-5-249 用0.05mm针管笔画出蕾丝花纹

47.点纹网纱绘制步骤(图4-5-250~图4-5-255)

图4-5-250 铅笔起稿,中楷笔勾线

图4-5-251 铺设里层面料基础色

图4-5-252 加阴影

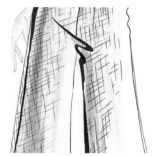

图4-5-253 用彩色勾线笔画出外层的网纱

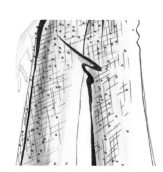

图4-5-254 绘制网纱上的点纹

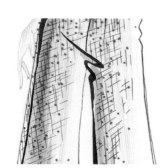

图4-5-255 考虑光源色和环境色,丰富画面效果

48.斜纹哔叽绘制步骤(图4-5-256～图4-5-259)

图 4-5-256 铅笔起稿,中楷笔勾线,擦去铅笔痕迹,保持画面整洁

图 4-5-257 绘制基础色,适当留白

图 4-5-258 结合服装穿着效果绘制阴影

图 4-5-259 用彩色铅笔画出哔叽面料中细细的斜纹

49.贴花钉珠绘制步骤(图4-5-260～图4-5-264)

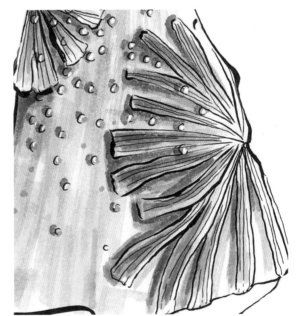

图 4-5-260 铅笔起稿,中楷笔勾线,注意线条的粗细变化,铺设面料基础色

图 4-5-261 假想光源方向,绘制钉花在面料上的阴影

图 4-5-262 画出花朵的颜色

图 4-5-263 进一步深入刻画,考虑光源色和环境色

图 4-5-264 画出面料上的钉珠及在面料上留下的阴影

50.镶缀装饰物的面料绘制步骤(图4-5-265～图4-5-268)

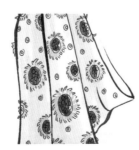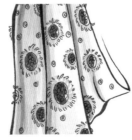

图 4-5-265 铅笔起稿,中楷笔勾线

图 4-5-266 画出装饰花的颜色

图 4-5-267 马克笔铺设面料的颜色,简单画出阴影

图 4-5-268 假想光源方向,绘制装饰花卉在面料上留下的投影

51.粗纺毛呢绘制步骤（图4-5-269～图4-5-274）

图 4-5-269 铅笔起稿，中楷笔勾线，擦去铅笔痕迹，保持画面整洁

图 4-5-270 用马克笔铺设基础色

图 4-5-271 选择同类略深的颜色绘制阴影

图 4-5-272 选择再深一层的颜色继续绘制阴影

图 4-5-273 考虑光源色及环境色

图 4-5-274 用彩色铅笔画出粗纺毛呢的纹理

52.色丁绘制步骤（图4-5-275～图4-5-279）

图 4-5-275 铅笔起稿，中楷笔勾线，注意线条的粗细虚实变化

图 4-5-276 用马克笔铺设基础色，假想光源方向，迎光处适当留白

图 4-5-277 选择较深的同类色在衣纹衣褶处绘制阴影，突出面料明暗对比

图 4-5-278 选择更深的同类色强调阴影

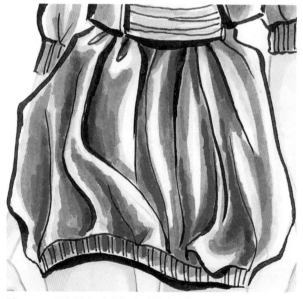

图 4-5-279 深入刻画，突出色丁面料的光泽感

服装效果图 从入门到精通 1000 例（第二版）

53.钉珠网纱绘制步骤(图4-5-280～图4-5-285)

图 4-5-280 铅笔起稿,中楷笔勾线,注意线条的粗细虚实变化,用马克笔铺设基础色

图 4-5-281 结合服装的穿着效果绘制阴影

图 4-5-282 用彩色勾线笔简单画出网纱的纹理,马克笔细头一端零星点出钉在面料上的珠子

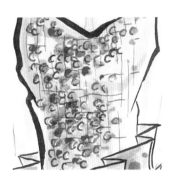

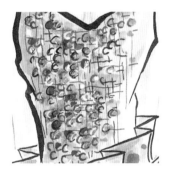

图 4-5-283 继续点出其它颜色的珠子

图 4-5-284 画出珠子的轮廓线

图 4-5-285 进一步详细刻画

54.豹纹绘制步骤(图4-5-286～图4-5-290)

图 4-5-286 铅笔起稿,中楷笔勾线,注意线条的粗细虚实变化,用马克笔铺设基础色,适当留白

图 4-5-287 选择略深的同类色绘制阴影

图 4-5-288 用马克笔绘制豹纹

图 4-5-289 深入刻画豹纹纹样

图 4-5-290 加入环境色,丰富画面效果

55.野猫花纹绘制步骤(图4-5-291～图4-5-296)

图4-5-291 铅笔起稿,中楷笔勾线,注意线条的粗细虚实变化

图4-5-292 用马克笔铺设基础色,适当留白

图4-5-293 假想光源方向,选择稍深一层的同类色绘制阴影

图4-5-294 用马克笔画出野猫花纹

图4-5-295 进一步刻画花纹

图4-5-296 结合光源色和环境色,丰富画面效果

56.印花面料绘制步骤(图4-5-297～图4-5-302)

图4-5-297 铅笔起稿,中楷笔勾线

图4-5-298 绘制花纹造型

图4-5-299 用马克笔给花纹着色

图4-5-300 深入刻画花卉造型

图4-5-301 为服装绘制阴影

图4-5-302 考虑光源色和环境色,丰富画面效果

57.牛仔绘制步骤（图4-5-303～图4-5-307）

图 4-5-303 铅笔起稿，中楷笔勾线，注意线条的粗细虚实变化

图 4-5-304 用马克笔铺设基础色，适当留白

图 4-5-305 选择同类较深的颜色深入刻画

图 4-5-306 结合服装的穿着效果绘制阴影

图 4-5-307 用彩铅画出牛仔粗糙的纹理

58.钉饰珠片绘制步骤（图4-5-308～图4-5-312）

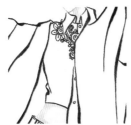 

图 4-5-308 铅笔起稿，中楷笔勾线，注意线条的粗细虚实变化

图 4-5-309 画出珠片并着色

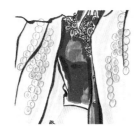 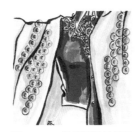

图 4-5-310 用马克笔铺设基础色

图 4-5-311 选择同类较深的颜色绘制阴影

图 4-5-312 进一步详细刻画

59.卫衣棉绘制步骤(图4-5-313~图4-5-317)

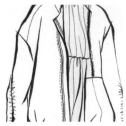 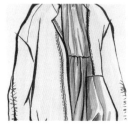 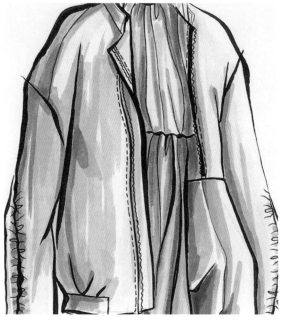

图4-5-313 铅笔起稿,中楷笔勾线注意线条的粗细虚实变化,擦去铅笔痕迹,保持画面整洁

图4-5-314 用马克笔铺设基础色,假想光源方向,迎光处适当留白

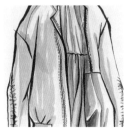 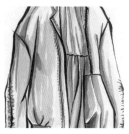

图4-5-315 选择同类略深的颜色画出阴影

图4-5-316 选择更深的同类色,深入刻画阴影

图4-5-317 加入光源色和环境色

60.装饰肌理绘制步骤(图4-5-318~图4-5-322)

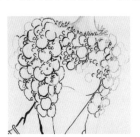 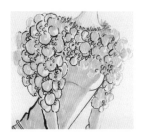 

图4-5-318 铅笔起稿,结合中楷笔勾线,画出装饰肌理的造型

图4-5-319 用马克笔铺设基础色

图4-5-320 根据服装结构特点选同类略深的颜色绘制阴影,突出装饰肌理的造型感

图4-5-321 加深阴影

图4-5-322 选择同类更深色深入刻画服装细节,考虑光源色和环境色以丰富画面

61.皮革绘制步骤(图4-5-323~图4-5-326)

图 4-5-323 铅笔起稿,中楷笔勾线

图 4-5-324 用马克笔铺设基础色

图 4-5-325 选择同类较深的颜色绘制阴影

图 4-5-326 选择更深的同类色强调阴影,增强明暗对比,突出皮革面料的光泽感

62.编织与皮毛组合绘制步骤(图4-5-327~图4-5-331)

图 4-5-327 铅笔起稿,结合中楷笔勾线,画出服装不同肌理的造型

图 4-5-328 用马克笔铺设基础色,适当留白

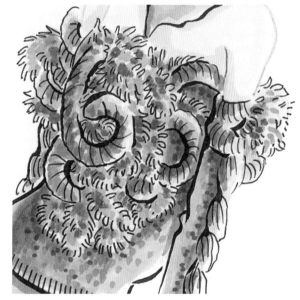

图 4-5-329 选择同类略深的颜色绘制阴影

图 4-5-330 进一步进行色彩渲染

图 4-5-331 深化处理,强调空间感

63.填充绗缝绘制步骤(图4-5-332~图4-5-335)

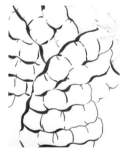   

图 4-5-332 铅笔起稿,中楷笔勾线,注意线条的粗细虚实变化

图 4-5-333 假想光源方向,用马克笔铺设基础色,迎光处适当留白

图 4-5-334 选择同类略深的颜色绘制阴影

图 4-5-335 适当加入光源色和环境色,突出面料质感

64.钉珠面料绘制步骤(图4-5-336～图4-5-341)

图4-5-336 铅笔起稿,中楷笔勾线,擦去铅笔痕迹,保持画面整洁

图4-5-337 用马克笔铺设面料基础色

图4-5-338 结合服装结构,选择同类略深的颜色绘制阴影

图4-5-339 绘制服装面料上装饰物

图4-5-340 画出装饰物在服装上留下的投影

图4-5-341 进一步深入刻画

65.褶皱面料绘制步骤(图4-5-342～图4-5-346)

图4-5-342 铅笔起稿,中楷笔勾线,擦去铅笔痕迹,保持画面整洁

图4-5-343 用马克笔铺设基础色

图4-5-344 选择同类略深的颜色绘制褶皱的阴影

图4-5-345 选择更深的同类色强化阴影,突出明暗对比

图4-5-346 考虑光源色和环境色,进行深入刻画

66.单色花卉面料绘制步骤(图4-5-347～图4-5-352)

  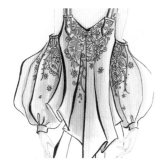

图 4-5-347 铅笔起稿,中楷笔勾线,擦去铅笔痕迹,保持画面整洁,选择马克笔 CGI 号色铺设基础色

图 4-5-348 用 0.05mm 针管笔绘制花纹

图 4-5-349 选择 CG2 号色画出背光处及衣纹间阴影

 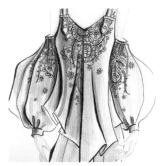 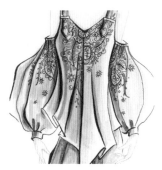

图 4-5-350 选择 CG4 号色继续强调阴影

图 4-5-351 考虑光源色及环境色,丰富画面

图 4-5-352 用白色荧光笔点缀亮色

67.条绒绘制步骤(图4-5-353～图4-5-357)

图 4-5-353 铅笔起稿,中楷笔勾线,擦去铅笔痕迹,保持画面整洁,选择马克笔 BG1 号色铺设基础色

图 4-5-354 用 BG3 号色继续渲染

图 4-5-355 用马克笔细头一端 CG4 号色画出条绒

图 4-5-356 用 0.05mm 针管笔强调条绒

图 4-5-357 考虑光源色和环境色,丰富画面

68.仿动物花纹绘制步骤(图4-5-358～图4-5-362)

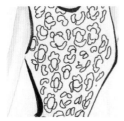  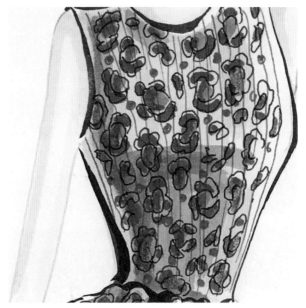

图 4-5-358 铅笔起稿,中楷笔勾线,擦去铅笔痕迹,保持画面整洁　图 4-5-359 用马克笔铺设基础色,结合服装的结构,选略深的同色系绘制阴影

图 4-5-360 绘制花纹的颜色　图 4-5-361 进一步绘制阴影　图 4-5-362 详细绘制面料的花纹

69.粗纺羊毛绘制步骤(图4-5-363～图4-5-367)

图 4-5-363 铅笔起稿,中楷笔勾线,用马克笔铺设基础色　图 4-5-364 选同类较深的颜色绘制阴影

图 4-5-365 用马克笔细头一端画出纹理　图 4-5-366 考虑光源色和环境色　图 4-5-367 用 0.05mm 针管笔详细刻画纹理。

70.粗节网纱绘制步骤(图4-5-368～图4-5-372)

图 4-5-368 铅笔起稿,中楷笔勾线,注意线条的粗细虚实变化

图 4-5-369 用马克笔铺设基础色,衣纹衣褶处适当留白

图 4-5-370 选择同类较深的颜色绘制阴影

图 4-5-371 用彩色勾线笔画出网格

图 4-5-372 画出网格上的节点

71.格呢绘制步骤(图4-5-373～图4-5-378)

图 4-5-373 铅笔起稿,中楷笔勾线,注意用线条的粗细变化表现面料的厚度

图 4-5-374 用马克笔铺设基础色

图 4-5-375 选择同色系略深的颜色绘制阴影

图 4-5-376 选择同色系更深一层的颜色继续深化明暗

图 4-5-377 用细头马克笔结合0.05mm 针管笔画出格子

图 4-5-378 考虑光源色及环境色,丰富画面

207

72.薄纱绘制步骤(图4-5-379～图4-5-382)

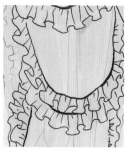 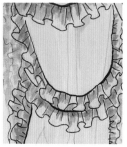 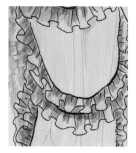 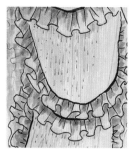

图 4-5-379 铅笔起稿,中楷笔结合 0.05mm 针管笔勾线,画出面料轻薄的质感,选择马克笔 26 号色为面料里面皮肤着色

图 4-5-380 选择马克笔 CG2 号色绘制面料基础色

图 4-5-381 用马克笔 CG3 号色画出阴影,考虑光源色和环境色

图 4-5-382 用灰色勾线笔画出面料的纹理

73.苏格兰格呢绘制步骤(图4-5-383～图4-5-386)

图 4-5-383 铅笔起稿,中楷笔勾线,选择马克笔 36 号色铺设基础色,迎光处适当留白

图 4-5-384 选择马克笔 31 号色在衣纹衣褶处绘制阴影

图 4-5-385 用马克笔 31 号色细头一端画出格纹

图 4-5-386 结合 0.05mm 针管笔进一步刻画格纹

74.毛绒与羊毛呢绘制步骤(图4-5-387～图4-5-390)

图 4-5-387 铅笔起稿,中楷笔结合 0.05mm 针管笔勾线,画出毛绒的柔软和羊毛织物的厚度感,选用马克笔 CG1 号色铺设基础色

图 4-5-388 选用马克笔 CG3 号色绘制阴影

图 4-5-389 选用马克笔 CG4 号色、CG5 号色继续强调明暗

图 4-5-390 加入光源色和环境色,深入刻画

75.千鸟格绘制步骤(图4-5-391～图4-5-395)

图 4-5-391 铅笔起稿,中楷笔勾线,选择马克笔 CG1 号色绘制基础色

图 4-5-392 选择马克笔 CG3 号色绘制阴影

图 4-5-393 用铅笔画出千鸟格框架

图 4-5-394 画出千鸟格并着色

图 4-5-395 用 0.05mm 针管笔勾画千鸟格细节

76.花色绸缎绘制步骤(图4-5-396～图4-5-400)

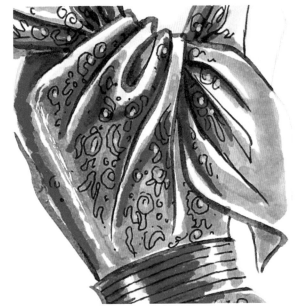

图 4-5-396 铅笔起稿,中楷笔勾线,擦掉铅笔痕迹,保持画面整洁

图 4-5-397 选用马克笔 183 号色铺设基础色,衣纹迎光处留白

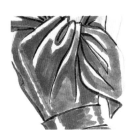

图 4-5-398 选用马克笔 76 号色绘制阴影,突出面料明暗对比

图 4-5-399 选用马克笔 69 号色继续强调阴影,表现出绸缎面料的光泽感

图 4-5-400 用 0.05mm 针管笔和金色荧光笔勾画花纹

77.人字呢绘制步骤(图4-5-401～图4-5-405)

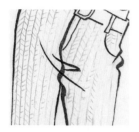

图 4-5-401 铅笔起稿,中楷笔勾线

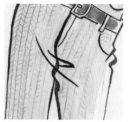

图 4-5-402 选择马克笔 CM1 号色铺设基础色

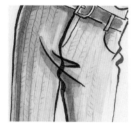

图 4-5-403 选择马克笔 CM3 号色绘制阴影

图 4-5-404 考虑光源色和环境色

图 4-5-405 用 0.05mm 针管笔勾画人字呢细节。

78.起簇毛织物绘制步骤(图4-5-406～图4-5-410)

图 4-5-406 铅笔起稿,中楷笔勾线

图 4-5-407 选择马克笔 28 号色铺设基础色

图 4-5-408 选择马克笔 16 号色绘制阴影

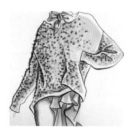

图 4-5-409 用马克笔细头一端画出起簇的肌理效果

图 4-5-410 用白色荧光笔提取高光

服装效果图

从入门到精通 1000 例 (第二版)

79.空棉绘制步骤(图4-5-411～图4-5-415)

图4-5-411 铅笔起稿,中楷笔勾线,用略粗的线条表现太空棉的厚度

图4-5-412 用彩色勾线笔画出面料上的花型

图4-5-413 用马克笔CM1号色铺设基础色

图4-5-414 结合服装结构,用马克笔CM3号色绘制阴影

图4-5-415 假想光源方向,绘制光源色和环境色,为花卉着色

80.装饰物绘制步骤(图4-5-416～图4-5-421)

图4-5-416 铅笔起稿

图4-5-417 选用马克笔CG2号色绘制基础色,用CG4号色绘制装饰珠的颜色,中楷笔勾线

图4-5-418 选用马克笔CG3号色继续渲染面料

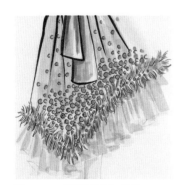

图4-5-419 为装饰珠着色,选择0.05mm针管笔勾线

图4-5-420 进一步深入刻画

图4-5-421 考虑光源色和环境色,丰富画面

81.镂空针织绘制步骤(图4-5-422～图4-5-426)

图4-5-422 铅笔起稿,中楷笔勾线,注意线条的虚实变化。选择马克笔26号色绘制皮肤色,用25号色画出皮肤色阴影

图4-5-423 选择马克笔36号色绘制面料基础色

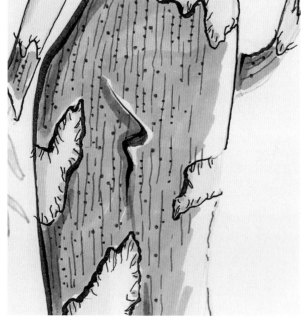

图4-5-424 选择马克笔31号色画出阴影

图4-5-425 彩色勾线笔画出面料纹理

图4-5-426 选择0.05mm针管笔进一步刻画面料质感,结合光源色和环境色,丰富画面效果

82.丝绒装饰绘制步骤(图4-5-427～图4-5-432)

图4-5-427 铅笔起稿,中楷笔勾线,注意线条的粗细变化

图4-5-428 用马克笔绘制服装基础色

图4-5-429 假想光源方向,选用同色系略深的颜色绘制阴影

图4-5-430 为丝绒材质的装饰物着色

图4-5-431 绘制装饰物的阴影

图4-5-432 深入刻画

83.钉珠面料绘制步骤(图4-5-433～图4-5-438)

图 4-5-433 铅笔起稿,中楷笔勾线,注意线条的粗细变化

图 4-5-434 选择马克笔 CM1 号色绘制基础色,并用铅笔画出钉珠造型

图 4-5-435 用马克笔 CM3 号色画出阴影

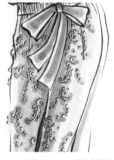  

图 4-5-436 用 0.05mm 针管笔强调装饰珠轮廓

图 4-5-437 用马克笔 CM5 号色进一步深入刻画

图 4-5-438 加入光源色和环境色,丰富画面效果

84.起簇针织绘制步骤(图4-5-439～图4-5-444)

图 4-5-439 铅笔起稿,中楷笔勾线,注意线条的粗细变化

图 4-5-440 用马克笔绘制基础色,适当留白

图 4-5-441 选择同色系略深的颜色绘制阴影

图 4-5-442 选择同色系更深的颜色,继续深入绘制阴影

图 4-5-443 用彩色勾线笔画出针织面料起簇的肌理

图 4-5-444 用白色荧光笔刻画肌理细节

85.棉绒装饰绘制步骤(图4-5-445～图4-5-450)

图 4-5-445 铅笔起稿

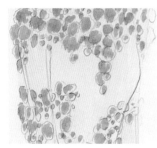

图 4-5-446 用马克笔 CM2 号色绘制棉绒面料基础色

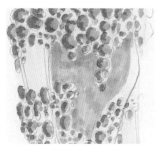

图 4-5-447 假想光源方向,用 CM3 号色画出阴影

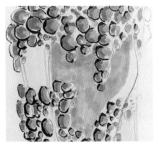

图 4-5-448 中楷笔勾线,注意线条的粗细变化

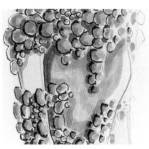

图 4-5-449 深入刻画

图 4-5-450 考虑光源色和环境色,丰富画面

86.毛线编织绘制步骤(图4-5-451～图4-5-456)

图 4-5-451 铅笔起稿,中楷笔勾线,突出毛线的编织效果

图 4-5-452 选用不同颜色的马克笔绘制毛线编织物

图 4-5-453 假想光源方向,绘制阴影

图 4-5-454 绘制服装基础色

图 4-5-455 深入刻画

图 4-5-456 用彩色勾线笔结合 0.05mm 针管笔勾画毛线编织的细节

服装效果图 从入门到精通 1000 例 (第二版)

87.锦缎绘制步骤(图4-5-457～图4-5-461)

图 4-5-457 铅笔起稿，中楷笔勾线，注意线条的粗细变化

图 4-5-458 用马克笔 140 号色绘制基础色，衣纹、衣褶、迎光处留白

图 4-5-459 分别用马克笔 28 号色、16 号色绘制阴影

图 4-5-460 用马克笔 94 号色继续深入刻画暗部，突出锦缎光泽感

图 4-5-461 绘制透明珠片，着色，用白色荧光笔勾边

88.薄纱绘制步骤(图4-5-462～图4-5-466)

图 4-5-462 铅笔起稿，中楷笔勾线，注意线条的粗细变化

图 4-5-463 用马克笔 BG1 号色绘制基础色

图 4-5-464 用马克笔 CG3 号色绘制阴影

图 4-5-465 用马克笔 183 号色为波点着色

图 4-5-466 考虑光源色和环境色，丰富画面

第四章 织物绘画篇

89.膨起面料绘制步骤(图4-5-467~图4-5-471)

图 4-5-467 铅笔起稿,中楷笔勾线,注意线条的粗细变化

图 4-5-468 用马克笔绘制基础色,衣纹、衣褶处适当留白

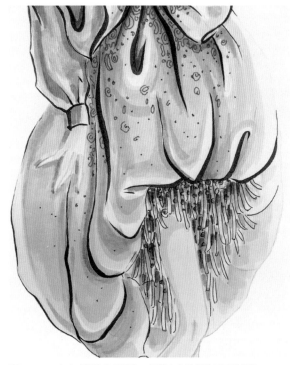

图 4-5-469 选择同色系略深的颜色绘制阴影

图 4-5-470 进一步绘制阴影

图 4-5-471 加入光源色和环境色,用彩色勾线笔绘制面料花纹

90.多种装饰组合绘制步骤(图4-5-472~图4-5-476)

图 4-5-472 铅笔起稿,结合中楷笔勾线

图 4-5-473 用马克笔绘制装饰物

图 4-5-474 铺设底层面料基础色

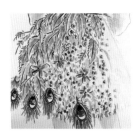

图 4-5-475 深入刻画装饰物

图 4-5-476 继续深入刻画,用 0.05mm 针管笔勾线

91.钉金属装饰物绘制步骤(图4-5-477～图4-5-481)

图 4-5-477 铅笔起稿,选用马克笔 CM1 号色为金属装饰物着色

图 4-5-478 选择马克笔 32 号色继续为其他装饰物着色,迎光处适当留白

图 4-5-479 用马克笔 CG3 号色绘制底层服装基础色

图 4-5-480 用马克笔 CG4 号色绘制装饰物在服装上留下的投影

图 4-5-481 考虑光源色和环境色,丰富画面效果

92.水獭毛绘制步骤(图4-5-482～图4-5-487)

图 4-5-482 铅笔起稿,中楷笔勾线,表达出水獭毛的特点

图 4-5-483 选择 CM1 号色铺设基础色,适当留白

图 4-5-484 用 CM3 号色绘制阴影

图 4-5-485 用 CM4 号色继续刻画水獭毛细节

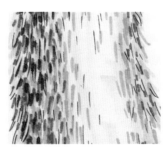

图 4-5-486 用 CM5 号色继续深入刻画

图 4-5-487 加入光源色和环境色,丰富画面

93.装饰花边绘制步骤(图4-5-488～图4-5-491)

图 4-5-488 铅笔起稿,中楷笔勾线,擦去铅笔痕迹,用马克笔BG1号色绘制花边基础色

图 4-5-489 用 CG2 号色绘制衬衫阴影

图 4-5-490 用 CG4 号色画出花边暗部

图 4-5-491 加入光源色和环境色,并深入刻画服装细节

94.几何花纹绘制步骤(图4-5-492～图4-5-497)

 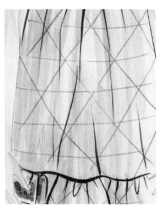 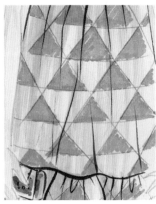

图 4-5-492 铅笔起稿,中楷笔勾线。选择马克笔 140 号色绘制基础色,适当留白

图 4-5-493 用铅笔勾画出基础格

图 4-5-494 用马克笔 16 号色绘制图案

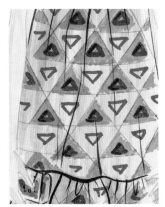 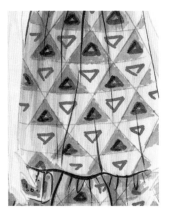 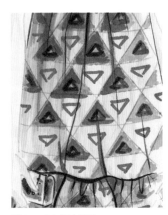

图 4-5-495 进一步绘制图案

图 4-5-496 结合光源色和环境色,丰富画面效果

图 4-5-497 深入渲染

95.条纹绘制步骤(图4-5-498～图4-5-502)

图4-5-498 铅笔起稿,中楷笔勾线,注意线条的粗细变化

图4-5-499 用马克笔CG1号色绘制基础色

图4-5-500 选用183号色画出竖条纹

图4-5-501 选择马克笔69号色、76号色强调条纹

图4-5-502 加入光源色和环境色

96.透明面料缀花绘制步骤(图4-5-503～图4-5-507)

图4-5-503 铅笔起稿,中楷笔及0.05mm针管笔勾线,选择马克笔26号色绘制透明面料中的皮肤色

图4-5-504 选择马克笔CG1号色淡淡画出透明面料的基础色

图4-5-505 绘制面料上的装饰花

图4-5-506 选择同色系略深的颜色绘制阴影

图4-5-507 选择白色荧光笔和0.05mm针管笔刻画透明面料上的小珠子

97.网格面料绘制步骤(图4-5-508～图4-5-512)

图 4-5-508 铅笔起稿，画出
服装廓形，中楷笔勾线

图 4-5-509 用马克笔绘制基
础色，迎光处适当留白

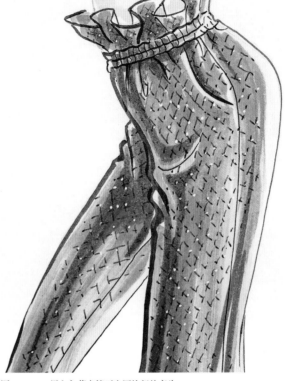

图 4-5-510 选择同色系略深
的颜色绘制阴影

图 4-5-511 用彩色勾线笔
绘制网格

图 4-5-512 用白色荧光笔画出网格间的亮片

98.特殊肌理绘制步骤(图4-5-513～图4-5-518)

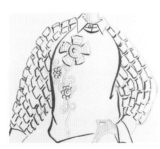

图 4-5-513 铅笔起稿，中楷笔勾线，
注意线条的粗细变化

图 4-5-514 用马克笔 CG2 号色绘制
基础色，面料凸起处适当留白

图 4-5-515 用 CG3 号色绘制服装暗部

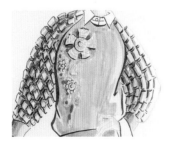

图 4-5-516 用 CG4 号色继续绘制服
装暗部

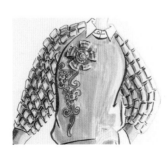

图 4-5-517 加入光源色及环境色

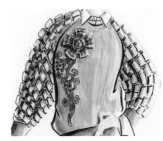

图 4-5-518 用 CG5 号色继续刻画服
装暗部，强调明暗对比

99.局部印花绘制步骤(图4-5-519~图4-5-523)

图4-5-519 铅笔起稿,画出服装廓形,中楷笔勾线,选择马克笔CG1号色绘制服装基础色

图4-5-520 绘制服装上的印花图案

图4-5-521 选择同色系略深的颜色深入绘制印花图案

图4-5-522 进一步深入刻画,并用彩色勾线笔勾线

图4-5-523 加入光源色和环境色,丰富画面

100.花色玻璃纱绘制步骤(图4-5-524~图4-5-528)

图4-5-524 铅笔起稿,选择0.05mm针管笔勾线,用马克笔26号色绘制面料里面皮肤的颜色,用25号色绘制皮肤阴影

图4-5-525 为玻璃纱面料上的装饰花卉着色

图4-5-526 选择马克笔CM1号色薄薄地画出玻璃纱基础色

图4-5-527 继续渲染装饰花卉

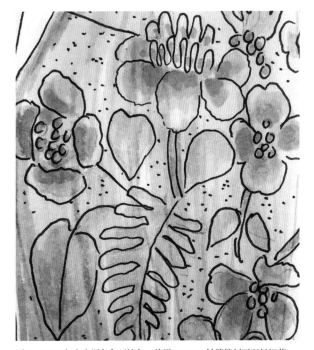

图4-5-528 加入光源色和环境色,并用0.05mm针管笔刻画面面料细节

第五章 时装赏析

第一节　系列服装效果图赏析

棉麻物语(图5-1-1～图5-1-4)

图 5-1-2 棉麻物语（二）

图 5-1-4 棉麻物语（四）

图 5-1-1 棉麻物语（一）

图 5-1-3 棉麻物语（三）

不一样的田园味道(图5-1-5～图5-1-7)

图 5-1-5
不一样的田园味道（一）

图 5-1-6
不一样的田园味道（二）

图 5-1-7
不一样的田园味道（三）

镶嵌式面料设计(图5-1-8～图5-1-12)

图 5-1-8
镶嵌式面料设计（一）

图 5-1-9
镶嵌式面料设计（二）

图 5-1-10
镶嵌式面料设计（三）

图 5-1-11
镶嵌式面料设计（四）

图 5-1-12
镶嵌式面料设计（五）

围巾的魅惑(图5-1-13～图5-1-15)

图 5-1-13 围巾的魅惑（一）　　　　图 5-1-14 围巾的魅惑（二）　　　　图 5-1-15 围巾的魅惑（三）

裘皮的妙搭(图5-1-16～图5-1-18)

图 5-1-16 裘皮的妙搭（一）　　　　图 5-1-17 裘皮的妙搭（二）　　　　图 5-1-18 裘皮的妙搭（三）

第五章
时装赏析

简约小套装(图5-1-19～图5-1-21)

图 5-1-19 简约小套装（一）　　　图 5-1-20 简约小套装（二）　　　图 5-1-21 简约小套装（三）

吹起民族风(图5-1-22～图5-1-24)

图 5-1-22 吹起民族风（一）　　　图 5-1-23 吹起民族风（二）　　　图 5-1-24 吹起民族风（三）

针织组合套装(图5-1-25～图5-1-28)

图 5-1-25 针织组合套装（一）　　图 5-1-26 针织组合套装（二）　　图 5-1-27 针织组合套装（三）　　图 5-1-28 针织组合套装（四）

婉约少女风(图5-1-29～图5-1-31)

图 5-1-29 婉约少女风（一）　　　　图 5-1-30 婉约少女风（二）　　　　图 5-1-31 婉约少女风（三）

巧搭菱形格(图5-1-32～图5-1-34)

图 5-1-32 巧搭菱形格（一）　　　　图 5-1-33 巧搭菱形格（二）　　　　图 5-1-34 巧搭菱形格（三）

碎花连衣裙(图5-1-35～图5-1-37)

图 5-1-35 碎花连衣裙（一）　　　　　　　　　　　　　图 5-1-37 碎花连衣裙（三）

图 5-1-36 碎花连衣裙（二）

中式服饰的演绎(图5-1-38～图5-1-40)

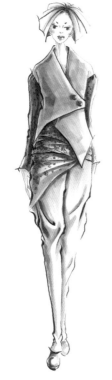

图 5-1-38 中式服饰的演绎（一）

图 5-1-39 中式服饰的演绎（二）

图 5-1-40 中式服饰的演绎（三）

透明与叠加(图5-1-41～图5-1-42)

图 5-1-41 透明与叠加（一）

图 5-1-42 透明与叠加（二）

第二节　单件服装效果图赏析

单件服装效果图赏析(图5-2-1～图5-2-24)

图 5-2-2 叠褶开衩裙

图 5-2-1 裙皱灯笼裙

图 5-2-3 钉花长 T 恤

图 5-2-5 撞色短裙

图 5-2-7 背带牛仔

图 5-2-6 长裙套装

图 5-2-4 散摆连衣裙

图 5-2-8 松身连衣裙

第五章

时装赏析

图 5-2-9 性感小套装

图 5-2-11 创意套装

图 5-2-13 格子背心裙

图 5-2-10 创意套装

图 5-2-12 创意套装

服装效果图

从入门到精通 1000 例（第二版）

图 5-2-14
花瓣领外套

图 5-2-15
拼接式连衣裙

图 5-2-16
针织雪纺套装

图 5-2-17 廓型卫衣

图 5-2-18 薄纱收脚口长裤

图 5-2-19 高开衩长裙

图 5-2-20 酷感组合

图 5-2-21 街头时装

图 5-2-22 复古式套装

图 5-2-23 太空棉外套

图 5-2-24 廓型大衣

服装效果图

从入门到精通 1000 例（第二版）